普通高等教育公共基础课系列教材

大学计算机实践

（Windows 10 + Office 2016）

张凤梅　林　彬　孙美乔　主　编

秦　凯　姚志鸿　刘德山　副主编

科学出版社

北　京

内 容 简 介

本书内容包括计算机硬件系统与维修、Windows 10 操作系统、文字处理软件 Word 2016、电子表格处理软件 Excel 2016、演示文稿处理软件 PowerPoint 2016、计算机网络配置与应用。每章后均设置了精心设计的上机范例，配有操作方法的详细讲解，突出应用性和指导性。上机实践环节强调综合应用，与全国计算机等级考试二级 Office 要求同步。

本书可作为高等学校计算机基础课的实践教材，也可作为计算机初学者的自学参考用书。

图书在版编目(CIP)数据

大学计算机实践：Windows 10 + Office 2016 / 张凤梅，林彬，孙美乔主编.—北京：科学出版社，2021.1
ISBN 978-7-03-066741-0

Ⅰ. ①大⋯ Ⅱ. ①张⋯ ②林⋯ ③孙⋯ Ⅲ. ①Windows 操作系统-高等学校-教材 ②办公自动化-应用软件-高等学校-教材 Ⅳ. ①TP316.7 ②TP317.1

中国版本图书馆 CIP 数据核字（2020）第 218718 号

责任编辑：宋 丽 杨 昕 宫晓梅 / 责任校对：马英菊
责任印制：吕春珉 / 封面设计：东方人华平面设计部

科学出版社出版
北京东黄城根北街 16 号
邮政编码：100717
http://www.sciencep.com
北京市京宇印刷厂印刷
科学出版社发行 各地新华书店经销
*
2021 年 1 月第 一 版 开本：787×1092 1/16
2021 年 8 月第二次印刷 印张：10 3/4
字数：255 000
定价：32.00 元
（如有印装质量问题，我社负责调换〈北京京宇〉）
销售部电话 010-62136230 编辑部电话 010-62135397-2032

前　　言

本书是《大学计算机基础（Windows 10 + Office 2016）》（姚志鸿，郑宏亮，张也非主编，科学出版社）的配套实践教程，用于补充和拓展大学计算机教学中的实践教学部分。本书按照教育部高等学校大学计算机教学指导委员会提出的"大学计算机基础教学基本要求"编写，内容充分展示了计算机基础应用领域的最新技术，强调实用性，目标是使学生掌握最新、最实用的计算机技能。

《大学计算机基础（Windows 10 + Office 2016）》一书侧重于计算机科学的基本理论、原理、发展趋势，主要涉及计算机的硬件结构与组成原理、操作系统基础、数据库技术与数据处理、网络技术基础、软件技术基础内容。本书面向具体应用，主要内容包括计算机硬件系统与维修、Windows 10 操作系统、文字处理软件 Word 2016、电子表格处理软件 Excel 2016、演示文稿处理软件 PowerPoint 2016、计算机网络配置与应用。每章后都设置了精心设计的上机范例和上机实践环节。

信息科学和信息技术在现代社会中的地位和作用日益突出，系统地开展信息科学和信息技术的教育也日趋重要，希望本书能满足学生深入理解基本概念、掌握实际操作方法、提高计算机应用技能的需要。

本书由张凤梅、林彬、孙美乔任主编，秦凯、姚志鸿、刘德山任副主编，王海霞、李劲青、王敏参与了编写工作。由于编者水平有限，书中难免存在不足之处，敬请读者批评指正。

目　　录

第 1 章　计算机硬件系统与维修

计算机系统由硬件系统和软件系统组成。硬件系统是计算机用于工作的实体，由主机和外部设备组成。软件系统是在硬件系统基础上运行的程序，包括操作系统及各种应用软件。本章介绍微型计算机的硬件系统和微型计算机的维修。

1.1　计算机的硬件系统

主机一般指主机机箱及安装在其内部的组件。机箱内部的组件主要包括主板、微处理器、内存、显卡、硬盘等；外部设备通过输入/输出接口与主机相连，外部设备除常见的键盘、显示器、鼠标外，还包括打印机、扫描仪、U 盘、摄像头、耳机等。本节主要介绍衡量计算机性能指标的一些主要部件，以及这些部件的性能、主流产品型号及选择原则等内容。

1.1.1　微处理器

微处理器（microprocessor）是微型计算机系统的内核，对计算机系统整体性能起决定性作用。目前计算机的主流微处理器主要由英特尔（Intel）和美国超威半导体（AMD）两家公司生产，Intel 公司的酷睿（Core）系列微处理器占据市场的主要份额。

Intel Core 处理器包括 i3、i5、i7 系列产品。Intel Core i7 系列产品属于高性能处理器，拥有 4 核心、8 线程、高主频、超大容量三级缓存等特性，适用于图形设计、视频编辑、多任务处理等对计算机性能有较高要求的领域。

Intel Core i5 系列产品是 Intel Core i7 系列的低规格版本。Intel Core i5 系列多为 4 核心、4 线程，缓存容量和处理器频率略低于 Intel Core i7 系列，不具有多线程特性。大部分软件在 Intel Core i5 和 Intel Core i7 系列微处理器上的运行效率差异并不大。就用户而言，如果确定不需要使用超线程技术，那么 Intel Core i5 系列处理器比 Intel Core i7 系列性价比更高。

Intel Core i3 系列产品的设计为双核心、4 线程，缓存容量与 i5 系列相比也有所缩减。目前的很多软件仅仅对双核处理器实施了优化，多数软件很难充分利用 4 核心、8 线程微处理器的潜力，所以 Intel Core i3 系列处理器完全可以满足日常工作与生活的需要，具有较高的性价比。

图 1-1 所示为 Intel Core 微处理器。Intel Core i5 4590 微处理器的主要参数如下。

图 1-1　Intel Core 微处理器

1）型号：Core i5 4590。

2）芯片厂商：Intel 公司。

3）核心数量：4 核。

4）线程数：4 线程。

5）主频：3.3GHz。

6）三级缓存：6MB。

1.1.2 主板

主板（mainboard）也称系统板（systemboard）。主板与微处理器一样，是计算机中最关键的部件之一。它既是连接各个部件的物理通路，也是各部件之间数据传输的逻辑通路。从某种意义上说，主板比微处理器更关键。因为几乎所有的部件都会连接到主板上，主板性能的好坏将直接影响整个系统的运行状况。主板是计算机系统中最大的一块电路板。当计算机工作时，数据从输入设备输入，由微处理器处理，再由主板负责组织输送到各个部件，最后经过处理的数据经输出设备输出。

1. 主板的类型

主板是与微处理器紧密配套的部件，每出现一款新型的微处理器，主板厂商都会推出与之配套的主板控制芯片组，否则将不能充分发挥微处理器的性能。通常，主板可以分为 ATX 主板、Micro-ATX 主板、Mini-ITX 主板等类型。

（1）ATX 主板

标准 ATX 主板也称为"大板"，其主要特点是将键盘、鼠标、串口、并口、声卡等接口直接设计在主板上，主板上有 6～8 个扩展插槽。

（2）Micro-ATX 主板

Micro-ATX 主板也称"小板"，保持了标准 ATX 主板背板上的外设接口位置，与 ATX 主板兼容。Micro-ATX 主板把扩展插槽减少为 3～4 个，减小了主板宽度，比标准 ATX 主板结构更为紧凑。

（3）Mini-ITX 主板

Mini-ITX 主板是紧凑型迷你主板，其标准尺寸为 170mm×170mm，是专门为小空间优化设计的类型。正是由于其具有紧凑的特点，因此适合装配在商业和工业设备的各种小机箱上，如用于汽车、机顶盒、瘦客户机和网络设备等。

2. 选择计算机主板需考虑的因素

（1）考虑主板的微处理器插槽类型

选择的主板插槽必须能插入用户选择的微处理器中。例如，微处理器为 LGA 1150 的 Core i7 4790k，就必须选择插槽类型是 LGA 1150 的主板。

（2）考虑内存的需求

目前的计算机配置一般需要支持 4GB 以上内存的主板。ATX 主板和 Micro-ATX 主板一般标配有 4 条或更多内存插槽，Mini-ITX 主板一般只有 2 条内存插槽，但也能够支持 2×8GB 的容量。在多数情况下，应选择预留插槽升级的主板。

（3）考虑 PCI Express 总线插槽

主板上提供的 PCI Express 总线插槽，一般包括插显卡的标准 PCI Express x16 总线插槽，更小的还有 PCI Express x8/x4/x1 总线插槽，用于扩展功能。主板其实已经内置了部分功能，如板载声卡和网卡等。如果需要更出色的性能，那么用户可以扩展独立声卡、独立网卡和显卡等，此时不仅需要考虑 PCI Express 总线插槽的数量和标准，还要考虑独立的扩展卡是否支持 x16、x8、x4 或 x1 类型的 PCI Express 总线插槽。

（4）考虑接口的数量

主板上不仅需要考虑是否有足够的接口插入硬盘，还要考虑是否预留接口以方便未来的升级。另外，如果需要固态硬盘，还要确保 SATA（serial ATA）接口的传输速度达到 6 Gbit/s，也就是 SATA 接口是 3.0 标准，以便充分发挥固态硬盘的性能。除 SATA 接口之外，有时还要考虑其他常用接口，如是否配备足够数量的 USB 3.0 接口，是否配备光纤、音频接口等。

图 1-2 所示为技嘉 B85M 主板。技嘉 B85M 主板的主要参数如下。

1）型号：B85M-D3H。

2）适用类型：台式机。

3）芯片厂商：Intel 公司。

4）微处理器插槽：LGA 1150。

5）支持微处理器类型：Intel Core 四代 i7/i5/i3、Intel Core i7、Core i5、Intel Core i3、Intel Pentium E、Intel Celeron、Intel Pentium。

图 1-2　技嘉 B85M 主板

6）主板架构：Micro-ATX。

7）支持内存类型：DDR3。

8）内存频率：DDR3 1333MHz、DDR3 1600MHz。

9）SATA 接口：3×SATA 3.0、1×SATA 2.0、1×mSATA。

10）USB 3.0 接口：4×USB 3.0（2 前 2 后）。

1.1.3　内存

内存（memory）是计算机中重要的部件之一，是所有设备与微处理器进行沟通的桥梁，主要用于暂时存放微处理器中的运算数据，以及与硬盘等外部存储器交换的数据。由于计算机中所有程序都是在内存中运行的，因此内存的性能会影响整个系统的稳定。

1．内存的构造

内存主要由内存颗粒、印制电路板（printed circuit board，PCB）、金手指等组成。目前，市场上单根内存条的容量主要有 2GB、4GB、8GB 等。图 1-3 所示为金士顿 DDR3 8GB 内存。

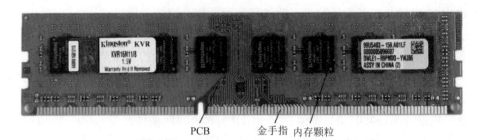

PCB   金手指 内存颗粒

图 1-3　金士顿 DDR3 8GB 内存

1）内存颗粒：内存颗粒是内存中最重要的核心元件，它直接影响内存的性能。

2）PCB：PCB 的作用是连接内存芯片引脚与主板信号线。主流内存的 PCB 一般是 6 层，这类电路板具有良好的电气性能，可以有效屏蔽信号干扰，而一些高规格内存往往配备 8 层 PCB，以获取更好的性能。

3）金手指：内存条上的黄色金属小条称为金手指，它直接影响内存的兼容性，特别是稳定性。金手指采用化学镀金工艺，一般金属层厚度为 3～5μm，而优质内存的金属层厚度可以达到 6～10μm。通常较厚的金属层不易磨损，并且可以提高触点的抗氧化能力，因此使用寿命会更长。

2. 选择内存需考虑的因素

（1）考虑主板对内存的支持

目前计算机所采用的内存主要为 DDR3 和 DDR4 两种，DDR4 内存是目前的主流产品。由于不同类型的 DDR 内存从内存控制器到内存插槽互不兼容，因此在选择内存时，需要明确主板支持的内存类型。

（2）考虑合适的内存容量和频率

内存的容量会影响系统的整体性能。现在计算机的内存通常在 4GB 以上。内存与微处理器一样，有自己的工作频率，称为内存主频。内存主频越高，在一定程度上代表着内存所能达到的存取速度就越快，决定着该内存最高能以什么样的频率正常工作。目前主流的内存频率为 2400MHz 或 3000MHz 等。

金士顿 DDR4 内存的主要参数如下。

1）内存类型：DDR4。

2）内存主频：2400MHz。

3）内存容量：单条，1×8GB。

4）颗粒封装：FBGA。

5）包装：盒装。

1.1.4　硬盘

硬盘即硬盘驱动器，是计算机中容量最大、使用最频繁的存储设备。硬盘的存储介质是若干个刚性磁盘片，硬盘也由此得名。与微处理器、主板、显卡这一类主要依靠半导体技术的产品不同，硬盘是机械技术、材料技术、电磁技术和半导体技术等多方面顶尖技术结合的综合产品。

1. 硬盘分类

硬盘接口是硬盘与主机系统之间的连接部件，作用是在硬盘缓存和主机内存之间传输数据。在计算机系统中，硬盘接口性能的优劣直接影响数据传输速度和系统性能。从接口角度来看，硬盘接口分为 IDE、SCSI、SATA 和光纤通道 4 种。IDE 接口的硬盘多用于早期的计算机产品，部分应用于服务器；SCSI 接口的硬盘主要应用于服务器；SATA 接口的硬盘主要应用于计算机市场，现已发展至 SATA 3.0，是现在应用的主流；光纤通道接口的硬盘主要应用于高端服务器。

（1）IDE 硬盘

常见的电子集成驱动器（integrated drive electronics，IDE）硬盘是指把"硬盘控制器"与"盘体"集成在一起的硬盘驱动器。IDE 接口是并行接口，具有价格低廉、兼容性强的特点，曾是 PC 硬盘的主流产品，现在逐渐被 SATA 硬盘取代。

（2）SATA 硬盘

使用 SATA 接口的硬盘又称串口硬盘，是目前计算机硬盘的主流。SATA 硬盘采用串行连接方式，串行 ATA 总线使用嵌入式时钟信号，具备很强的纠错能力，其特点是能对传输指令（不仅仅是数据）进行检查，如果发现错误就会自动矫正，这在很大程度上提高了数据传输的可靠性。串行接口还具有结构简单、支持热插拔的优点。

（3）SCSI 硬盘

小型计算机系统接口（small computer system interface，SCSI）不是专门为硬盘设计的接口，而是一种广泛应用于小型机上的高速数据传输技术。SCSI 硬盘具有应用范围广、多任务、带宽大、微处理器占用率低，以及支持热插拔等优点，主要应用于中、低端服务器中。

（4）光纤通道硬盘

光纤通道是专门为网络系统设计的接口技术，随着存储系统对速度的需求也被应用到硬盘系统中。光纤通道硬盘具有可热插拔、高速带宽、远程连接、可连接设备数量多等特性。

2. 硬盘驱动器的主要性能指标

（1）硬盘容量

硬盘作为计算机中最主要的外部（辅助）存储器，其容量是最重要的性能指标。硬盘的容量通常以 GB 为单位，大部分硬盘厂家标称硬盘容量时以 1000 字节为 1KB，而计算机则以 1024 字节为 1KB，因此测试值往往小于其标称值。

（2）硬盘速度

数据传输率是硬盘速度的重要指标，分为外部数据传输率和内部数据传输率。外部数据传输率是指硬盘的缓存与系统主存之间交换数据的速度；内部数据传输率指硬盘磁头从缓存中读写数据的速度。硬盘的数据传输率通常以 Mbit/s 或 MB/s 为单位，硬盘的数据传输率越高，表明其传输数据的速度越快。衡量硬盘速度的性能指标还包括平均寻道时间、平均等待时间、平均访问时间，这些指标都以毫秒（ms）为单位。

（3）硬盘转速

硬盘转速是标识硬盘档次的重要参数之一，硬盘的转速越快，其寻找文件的速度越快，硬盘的传输速度也就越快。硬盘转速以每分钟多少转来表示，单位为 r/min。转速为 7200 r/min 的硬盘已成为台式机硬盘的主流。

（4）硬盘接口

硬盘接口主要包括 IDE、SCSI、SATA 和光纤通道 4 种。目前，IDE 接口的硬盘仍占有一定的市场份额。由于 SATA 接口的硬盘具有更多优势，其正逐渐取代 IDE 硬盘。

（5）硬盘缓存

硬盘的缓存容量与速度直接影响硬盘的传输速度，缓存容量越大，硬盘的传输速度就越快。硬盘的缓存容量一般为 2MB、8MB、16MB、64MB 等。

图 1-4 所示为希捷 SATA 硬盘。存储容量为 1TB、缓存容量为 64MB 的 SATA 3.0 希捷硬盘的主要参数如下。

1）容量：1TB。

2）转速：7200 r/min。

3）缓存容量：64MB。

图 1-4　希捷 SATA 硬盘

4）接口标准：SATA 3.0。

5）传输标准：SATA 6.0 Gbit/s。

1.1.5　显卡

显卡（即显示适配器）是显示器与主机通信的控制电路和接口。显卡和显示器构成了计算机的显示系统。

1．显卡的功能

显卡是一块独立的电路板，安装在主板的扩展槽中。在全内置（all-in-one）设计结构的主板上，显卡直接集成在主板中。显卡的主要作用是在程序运行时根据微处理器提供的指令和有关数据，对程序运行过程和结果进行相应的处理，将其转换成显示器能够接收的文字和图形显示信号后，通过屏幕显示出来。换句话说，显示器必须依靠显卡提供的显示信号才能显示各种字符和图像。

从显卡与计算机总线接口的角度来看，显卡主要经历了 ISA、EISA、VESA、PCI、AGP、PCIE 等接口阶段。目前，新发布的显卡大多数使用 PCIE×16 接口。

2．显卡的基本结构和参数

显卡主要的部件包括显示芯片、显示内存、VGA 插座、S-Video 端口、DVI 插座等。由于运算速度快，显卡发热量大。为了散热，显卡厂商通常会在显示芯片、显示内存上用导热性能较好的硅胶粘上一个散热风扇（有的是散热片），显卡上有一个 2 芯或 3 芯插座为其供电。

（1）显示芯片

显示芯片又称图形处理单元或图形处理器（graphic processing unit，GPU），是显卡的核心芯片，它的性能直接决定了显卡的性能。其主要任务是对通过总线传输的显示数据进行构建、渲染等处理，最后通过显卡的输出接口显示在显示器上。

（2）显示内存

显卡缓冲存储器也称显示内存（video RAM），简称显存，用于存放显示芯片处理后的数据。在显示器上看到的图像数据就存放在显示内存中。目前显卡上常见的显示内存芯片类型都是 DDR3 以上。

图 1-5 所示为影驰 GeForce GTX 显卡。GeForce GTX 显卡的主要参数如下。

1）显卡类型：台式机显卡。

2）显卡型号：NVIDIA GeForce GTX 750 Ti。

3）显卡接口标准：支持 PCI Express 3.0。

4）显存容量：2048MB。

5）显存类型：GDDR5。

6）最大分辨率：2560×1600 dpi。

图 1-5　影驰 GeForce GTX 显卡

1.2　计算机的维修

现在的计算机已经进入大规模和超大规模集成电路时代。从维修的角度来看，随着芯片的集成度越来越高，计算机上所用的单个元件数越来越少。计算机维修的概念已从单纯的硬件元器件的维修，逐步过渡到硬件维修与软件检测、诊断相结合的方式。可以说，真正的零件级维修几乎不存在了，绝大部分的维修采用更换与替代或屏蔽的方法。这就使维修计算机变得更加方便易行。

计算机的故障维修通常包括故障诊断和故障排除两个步骤。故障诊断就是通过故障现象和采用适当的方法来确定产生故障的具体原因和位置，也就是进行故障的定位。故障诊断是维修的基础，也是维修的主要内容和技术难点。故障定位后就可以"对症下药"，排除故障，恢复系统的正常运行。

查找系统故障的一般原则是"先软后硬，先外后内"。先软后硬，是指出现故障后应该首先从软件和操作方法上来查找原因，确保软件系统工作正常后再检查硬件，看是否能够发现问题并找到解决办法；先外后内，是指在发现故障后要仔细观察和分析故障现象与错误提示，从外围着手，由表及里、由易到难地查找故障。

下面介绍计算机系统故障产生的原因，软、硬件故障诊断的基本步骤和原则，维修的常用方法等。

1.2.1 计算机系统故障产生的原因

1. 硬件原因

硬件故障主要包括印制电路板故障、集成电路故障、元器件故障等。

印制电路板出现故障的主要原因包括制造工艺或材料质量缺陷引起的插头、插件板、接插件间的接触不良、碰线、断头等，导线和引脚的虚焊、漏焊、脱焊、短路等，以及印制电路板被划伤、出现裂痕，线间、引脚孔之间或金属孔之间距离过近等。若印制电路板存在以上问题，计算机在开始时或许可以正常使用，但随着外界环境的影响，如受潮、灰尘、发霉、振动等，就会产生故障。

引起集成电路、元器件出现故障的主要原因是采用了质量差的元器件。这些元器件在使用一段时间后性能下降。

品牌机的装配工艺、检测设备、器件筛选等规范可靠，其出现故障的可能性相对较小，而组装的兼容机出现故障的可能性较大。

2. 病毒原因

计算机病毒对计算机系统有极大的危害，常造成数据丢失、系统不能正常运行等问题。目前，已知的计算机病毒有几万种，不同的病毒对计算机所造成的危害也不同，其主要危害是破坏操作系统和计算机中的文件及数据、干扰计算机的正常运行等。因此，要重视和加强病毒预防，及时检测、发现、消除计算机病毒。具体措施为：建立定期检测制度，及时发现、清除病毒（如每次开机时自动检测），安装具有即时杀毒功能的杀毒软件。对于在正常操作情况下出现的某种故障现象，应首先排除病毒影响，再进行其他维修。

3. 人为原因

若操作者不遵守操作规程，不注意操作步骤，可能会引起计算机故障。人为原因引起的故障分硬故障和软故障两种。频繁地开关机，在通电时插拔连接线或接口卡，使计算机受到较大振动等会造成硬故障。产生软故障的原因包括软件设置不正确、随意删除文件、软件版本不兼容等。出现软故障后，虽然能够用软件进行恢复，但降低了计算机的使用效率，造成短期不能正常使用。因此，计算机的软硬件操作应严格按照规程进行，包括开机、关机、启动等，以及软件系统的安装和使用等。在不了解正确操作方法和规程之前，不要随意操作计算机，从而减少人为因素造成的故障。

4. 温度原因

计算机在环境温度 10～30℃ 范围内均能正常工作。通风不良，或机箱内装入了较多的接口卡，都会使机箱内的热量增加，机箱内局部温度急剧升高，导致集成电路芯片和对温度敏感的器件不能正常工作。

工作温度过高，对电路中的元器件影响最大。首先会加速其老化，其次会使芯片插脚焊点脱焊，还会使芯片与连接引线之间发生断裂。当温度高达一定值时，会造成间断性的数据错误或数据丢失，导致磁盘故障、磁盘片上信息丢失等。工作温度过高时，应将正在运行的计算机系统立即停止运行，进行加速散热处理后采取相应的降温措施或进行间断性工作。

5. 环境原因

计算机系统运行时产生的静电，以及电子设备周围产生的磁场等，往往容易吸附带电的灰尘微粒，环境湿度越低，这种情况越严重。如果不对灰尘加以清除，使之越积越多，就可能造成计算机系统故障。例如，堆积在电路和元器件上的灰尘及杂质使电路和元器件与空气隔绝，妨碍了散热，导致电路和元器件散热不良，进而损坏；电路和元器件上的灰尘降低了电路的绝缘性能，尤其在湿度较高时更为严重，使电路中的数据传输和控制失效，计算机系统出现故障；灰尘对计算机系统的机械部分也有极大的影响，如打印机机械传动机构、导轨等极易受灰尘的影响，出现过热、运动不良等问题，从而不能正常工作。

此外，电磁辐射也会造成计算机系统故障。电磁辐射会使计算机系统工作失常或遭到破坏，如程序运行中止、出错，磁盘读/写错误，显示信息混乱，死机，数据丢失，主板上元器件损坏等。

1.2.2　故障诊断的步骤和原则

计算机系统的故障诊断是一项非常复杂的工作，涉及的知识面也非常广，要求操作人员既要有一定的理论知识，又要有相当丰富的实践经验。计算机系统的故障诊断涉及硬件知识，诊断时既要进行动态的通电检测，又要进行静态的断点检测。同时，故障诊断还涉及软件知识，包括操作系统、文件结构、软件系统等方面的内容。作为计算机操作人员，要掌握以上全部内容有一定的困难。下面介绍一些故障诊断的基本步骤和原则，帮助操作者在计算机发生故障时，可以大致确定产生故障的部位，解决一般的使用问题，避免更大故障的产生。

1. 计算机系统故障诊断的步骤

计算机系统故障的诊断可参考下列步骤进行。

（1）区分是软件故障还是硬件故障

若计算机加电启动时能进行自检，并能显示自检后的系统配置情况，则表明计算机系统主机硬件基本没有问题，故障是由软件引起的可能性比较大。

（2）确定是系统软件故障还是应用软件故障

如果是系统软件故障，则应重新安装系统软件；如果是应用软件故障，则应重新安装应用软件。

（3）检查硬件故障

如果是硬件故障，则先要分清是主机故障还是外部设备故障，即从系统到设备，再从设备到部件。从系统到设备是指计算机系统发生故障后，要确定是主机、键盘、显示器、打印机、硬盘等中的哪一个设备出现了问题。这里要注意关联部分的故障，如主机接口出现故障，有可能表现为外部设备故障。从设备到部件是指如果已确定主机有故障，则应进一步确定是内存、微处理器、BIOS、显卡等部件中的哪一个有问题。

总之，计算机系统故障的诊断步骤是：由软到硬、由大到小、由表及里，循序渐进。对计算机用户来说，只要能将故障确定到部件一级即可，如果需要，可联系专业的维修人员来解决。

2. 计算机系统故障诊断的原则

在计算机系统故障的诊断中，一般应遵循以下原则。

（1）由表及里

进行故障检测时，先从表面（如机械磨损、插件接触是否良好、有无松动等）和计算机的外部部件（开关、引线、插头、插座等）开始检查，然后检查内部部件。在检查内部部件时，也要按照由表及里的原则，即直观地检查有无灰尘影响、有无器件烧坏及器件接插问题等。

（2）先电源，后负载

计算机系统的电源故障影响最大，是比较常见的故障。检查时应从供电系统到稳压电源，再到计算机内部的直流稳压电源。先检查电源的电压，若各部分电源电压都正常，再检查计算机系统本身，这时也应先从计算机系统的直流稳压电源开始检查。若各直流输出电压正常，再查负载部分，即计算机系统的各部件和外设。

（3）先外部设备，后主机

计算机系统是以主机为核心，外加若干外部设备构成的系统。在故障检测时，要先确定是主机问题还是外部设备问题。可以先断开计算机系统的所有外设，但要保证显示器、键盘和硬盘能正常运行，再进行检查确定。若有外部设备故障，则应先排除外部设备故障，再检查主机故障。

（4）先静态，后动态

维修人员在维修时应该先进行静态（不通电）直观检查或静态测试，在供电电压正常、负载无短路等情况下，确定通电不会引起更大故障时，再通电使计算机系统工作，进行检查。

（5）先常见故障，后特殊故障

计算机系统的故障原因是多种多样的，有的故障现象虽相同，但引起的原因可能各不相同。在检测时，应先从常见故障入手，或先排除常见故障，再排除特殊故障。

（6）先简单，后复杂

计算机系统故障种类繁多，性质各异。有的故障易于解决，排除简单，应先解决。有的故障解决难度较大，则应后解决。因为有的故障虽然看似复杂，但可能是由简单故障连锁引起的，所以先排除简单故障可以提高工作效率。

（7）先公共性故障，后局部性故障

计算机系统的某些部件故障影响面大，涉及范围广，如主板上的控制器不正常会使其他部件都不能正常工作，所以应首先予以排除，然后排除局部性故障。

（8）先主要，后次要

计算机系统不能正常工作，其故障可能不止一处，有主要故障和次要故障之分。例如，同时发生系统硬盘不能引导和打印机不能打印的故障，很显然硬盘不能正常工作是主要故障。一般影响计算机基本运行的故障都属于主要故障，应首先予以解决。

1.2.3　常用维修方法

1．软件故障的维修方法

软件故障的情况很复杂，维修时不但要观察程序、系统本身，更重要的是要看出现了什么错误信息，再根据错误信息和故障现象分析并确定故障原因。

（1）系统软件故障

有些软件在运行时对操作系统有一定的要求，只有保证软件所需的环境和设置条件，才能保证软件的正常运行。

（2）程序故障

在程序出现故障时，需要逐一检查程序本身的编写是否正确，程序是否完整，程序的装入方法是否正确，程序的操作步骤是否正确，有没有相互影响和制约的软件，等等。

（3）计算机病毒

计算机病毒对计算机系统的影响非常大，它不但影响软件和操作系统的运行，还影响打印机、显示器的正常工作。

2．硬件故障的查找诊断方法

硬件故障的查找方法，一般是根据故障现象进行大致分类，在掌握系统基本组成和基本原理的基础上，根据经验确定故障范围和可疑对象，然后利用如下具体方法逐项排除，从而对故障进行最后定位。

（1）硬件故障的人工查找方法

1）直接观察法：利用人的感觉器官检查是否有过热、烧焦、变形现象，是否有异常声音，有没有短路、接触不良现象，熔丝是否熔断，接插件是否松动，元器件是否有生锈和损坏的明显痕迹等。直接观察法简便易行，是查找故障的第一步，可以发现很多明显的故障。

2）敲击手压法：利用适当的工具轻轻敲击可能产生故障的部件，或用手将各种接插件、集成电路芯片等一一压紧，保证接触良好。这种方法适于检查由焊点虚焊、接头松动等引起的接触不良故障。

3）分割缩小法：逐步隔离系统的各个部件，缩小故障范围，直至最后将故障定位。例如，对于"死机"故障，可以将系统内的各种适配器卡逐一脱离总线，并重新启动系统。若拔出某个适配卡后系统恢复工作，即可判断故障出现在该适配卡上。

4）拔插替换法：用具有相同功能的系统部件替换出现故障的部件，用好的元器件替换疑似有故障的元器件，或者将计算机中相同的部件或器件进行交换，便可迅速找到确切的故障位置。

5）静动态测量法：静态测量一般是指用万用表的电阻挡测量电路，以确定电路是否通路、断路或短路，以及元器件的好坏；用电压挡测量某一状态下的静态工作电压，以分析故障原因。动态测量则是指用逻辑测试笔、示波器等测量仪器对有关各点的电平及变化情况、脉冲波形和相互时间关系等进行观察分析，有时还需要运行某些软件进行配合。

（2）硬件故障的软件自动诊断方法

1）ROM BIOS 的上电自检程序 POST。POST 程序是固化在 ROM 中的，只要接通计算机的电源就能自动进行检查测试。POST 程序从硬件核心出发，依次对微处理器及其基本数据通路、内存储器 RAM 和接口各功能模块进行检查。如果这些检查测试正常通过，则显示正常信息并发出正常的声响，然后进入操作系统。如果没有通过自检，则一般会显示出错标志并发出出错提示，以指出故障部件。POST 程序是上电自动执行的，无须用户的干预，用户可以根据它给出的提示信息大致判断出故障范围。运行 POST 的先决条件是：微处理器及其基本的外围电路、ROM 电路和至少 16KB 的 RAM 能够正常工作，否则 POST 程序无法运行。

2）运行诊断程序。如果系统出现故障不能启动，但可以使用软件启动，则可通过故障诊断程序对计算机进行检查。用户可根据诊断程序的出错代码了解出现故障的设备和故障的性质。

1.3 上机范例

【范例 1.1】认识微型计算机硬件系统的基本组成。

① 观察微型计算机硬件系统的组成。微型计算机硬件系统由主机和外部设备组成。对用户来说，主机一般指安装在主机箱内的部件，主要包括主板、微处理器、内存条、显卡、硬盘、光驱等。外部设备通过输入/输出接口与主机相连，外部设备除常见的键盘、显示器、鼠标外，还包括打印机、扫描仪、U 盘、摄像头、耳机等。

② 断开键盘、鼠标、打印机等外部设备与主机之间的连接。

③ 观察主机上的键盘、鼠标、打印机接口，比较其插口形状的异同。

④ 将键盘、鼠标和打印机与主机连接。

⑤ 观察 USB 接口的形状，将 U 盘插入 USB 接口。

【范例 1.2】计算机系统的启动和关闭。

操作步骤如下。

① 打开显示器、打印机等外部设备的电源开关，然后打开主机的电源开关。

② 系统硬件自检，然后进入 Windows 操作系统。

③ 关闭计算机系统。单击"开始" | "电源" | "关机"按钮即可关闭计算机系统。Windows 10 的"电源"项目列表中，还包括"睡眠"和"重启"命令。

④ 关闭显示器、打印机等外设电源。

【范例 1.3】键盘的基本操作。

操作步骤如下。

① 观察键盘上键位区域的划分。

② 选择"开始"｜"Word 2016"命令，启动 Word 应用程序。

③ 按下键盘上的不同按键，熟悉键盘按键的作用。

1. 键盘基本知识

键盘一般分为 4 个区域，如图 1-6 所示。

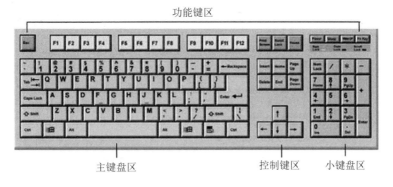

图 1-6　键盘功能区示意图

2. 键盘上常用键的功能

➤ Enter 键（回车键）：表示命令结束，用于确认或换行。

➤ Caps Lock 键（大小写字母转换键）：按一次 Caps Lock 键，键盘右上角 Caps Lock 指示灯亮，此时输入的字母均为大写字母；再按一次 Caps Lock 键，键盘右上角 Caps Lock 指示灯灭，此时输入的字母均为小写字母。

➤ Shift 键（上档键）：有些键位有上下两种符号，分别称为上档字符和下档字符，按住 Shift 键，再按下键位，则输入上档字符。

➤ Backspace 键（退格键）：按一下 Backspace 键，可以删除光标前的一个字符。

➤ Delete 键（删除键）：按一下 Delete 键，可以删除光标后的一个字符。

➤ Tab 键（制表键）：按下 Tab 键，光标或插入点将向右移一个制表位。

➤ Esc 键（退出键）：按下 Esc 键，一般可退出或取消操作。

➤ Alt 键（转换键）和 Ctrl 键（控制键）：这两个键需要与其他键配合使用，在不同的环境中功能也不同。例如，Alt+Tab 可以实现在多个打开的窗口之间切换。

➤ Insert 键（插入键）：在文本编辑状态下，Insert 键用于在"插入"和"改写"状态间切换。

➤ Num Lock 键（数字锁定键）：按一次 Num Lock 键，键盘右上角键盘指示灯灭，表示锁定数字键盘，此时小键盘区不可用；再按一次 Num Lock 键，键盘右上角键盘指示灯亮，此时小键盘区恢复可用状态。

➤ Print Screen 键（打印屏幕键）：按下该键可将屏幕当前内容复制到剪贴板或打印机上。

➤ Windows 键 ⊞：按下该键，屏幕出现 Windows 操作系统的开始菜单和任务栏。

3. 键盘标准键区十指分工

键盘标准键区十指分工示意图如图 1-7 所示。

图 1-7 键盘标准键区十指分工示意图

【范例 1.4】鼠标的基本操作。

操作步骤如下。

① 指向：移动鼠标，将鼠标指针停留在某个对象上。

② 单击：将鼠标指针指向某个对象，按下鼠标左键再松开。例如，单击"开始"按钮，打开"开始"菜单，单击"此电脑"选定该图标。

③ 右击：用鼠标右键在某个对象上单击。右击某个对象会弹出该对象的快捷菜单。

④ 双击：将鼠标指针指向某个对象，快速按下鼠标左键两次。双击应用程序图标会执行该程序，打开程序窗口，如双击桌面上的"Internet Explorer"图标会打开 IE 浏览器窗口。

⑤ 拖动：在某个对象上按下鼠标左键，移动到另一个位置，再释放鼠标，如拖动桌面上的某个图标到桌面的不同位置。

1.4　上机实践

1）观察计算机硬件中的外部设备，如键盘、显示器、鼠标、打印机、扫描仪、U 盘、摄像头、耳机等。在条件允许的情况下，断开键盘、鼠标、打印机等外部设备与主机之间的连接后再重新连接；观察主机上的键盘、鼠标、打印机接口，比较其插口形状的异同。

2）观察主板、微处理器、内存条、显卡、硬盘、光驱等机箱内的设备，并在教师指导下完成插拔和连接等工作。

　　3）使用 Windows 的控制面板或查看计算机属性，了解你所使用计算机的微处理器、内存、硬盘等部件的情况，也可以观察智能手机的微处理器、内存和手机卡等部件。

　　4）练习键盘指法，参照十指分工图，在 Word 2016 中输入下列英文文章并计时。

A long time ago, there was a huge apple tree. A little boy loved to come and lay around it every day. He climbed to the tree top, ate the apples, took a nap under the shadow. He loved the tree and the tree loved to play with him.

Time went by, the little boy had grown up and he no longer played around the tree every day. One day, the boy came back to the tree and he looked sad. "Come and play with me." the tree asked the boy. "I am no longer a kid, I don't play around trees anymore." The boy replied, "I want toys. I need money to buy them." "Sorry, but I don't have money... but you can pick all my apples and sell them. So, you will have money." The boy was so excited. He grabbed all the apples on the tree and left happily. The boy never came back after he picked the apples. The tree was sad.

第2章　Windows 10 操作系统

　　Windows 10 是微软公司开发的应用于微型计算机的操作系统，具有操作简单、界面友好、多线程、案例稳定等特点。本章介绍 Windows 10 的基本操作、文件管理、磁盘管理、系统管理等内容。

2.1　Windows 10 的基本操作

2.1.1　Windows 10 的启动

　　打开计算机的电源开关后，计算机会自动运行 Windows 10 操作系统。在计算机启动的过程中，系统首先进行自检，并初始化硬件设备。在系统正常启动的情况下，直接打开 Windows 10 的登录界面，在密码文本框中输入密码，按 Enter 键，进入 Windows 10 操作系统。

2.1.2　Windows 10 的桌面组成

1. Windows 10 的桌面元素

　　用户安装中文版 Windows 10 并第一次登录系统后，可以看到一个非常简洁的屏幕画面，整个屏幕区域就是桌面。

　　Windows 10 默认的桌面只有一个"回收站"图标，这样的桌面看起来虽然干净整洁，但是用户在使用时却很不方便，因此，可以将经常使用的程序的快捷方式图标放在桌面上。

图 2-1　"桌面图标设置"对话框

　　在桌面空白处右击，在弹出的快捷菜单中选择"个性化"选项，或者在"开始"菜单中单击"设置"图标，单击"设置"|"个性化"|"主题"按钮，在打开的窗口右侧的"主题"窗口中单击"桌面图标设置"按钮，打开"桌面图标设置"对话框，如图 2-1 所示。选择自己经常使用的图标，单击"确定"按钮，这时便可以在桌面上看到添加的图标，这些图标称为桌面元素。

　　（1）"计算机"图标

　　用户通过该图标可以实现对计算机硬盘驱动器、文件夹和文件的管理，也可以访问连接到计算机的照相机、扫描仪和其他硬件。

（2）"用户的文件"图标

该图标用于管理"个人文档"下的文件和文件夹，可以保存信件、报告和其他文档，是系统默认的文档保存位置。

（3）"网络"图标

该图标用于访问网络中其他计算机上的文件和文件夹的有关信息。在桌面上双击"网络"图标，在打开的窗口中可以查看工作组中的计算机、网络位置，还可添加网络位置等。

（4）"回收站"图标

"回收站"中暂时存放着用户已经删除的文件或文件夹等，当没有彻底清空"回收站"时，用户可以从中还原被删除的文件或文件夹。

2. 任务栏

任务栏是位于屏幕底部的水平长条，显示了系统正在运行的程序、打开的窗口、当前时间等，用户可以通过任务栏完成许多操作，还可以对它进行一系列的设置。

任务栏分为 4 个主要部分，如图 2-2 所示。

图 2-2 任务栏

（1）"开始"按钮

单击"开始"按钮，可弹出"开始"菜单。

（2）快捷工具栏

快捷工具栏主要包括 Cortana（中文名"微软小娜"）、"任务视图"按钮和默认的浏览器图标。Cortana 是微软发布的全球第一款个人智能助理，用于帮助用户安排日程，也可回答用户问题等。Cortana 是微软在机器学习和人工智能领域方面的尝试，用户如果需要，可以从网上下载智能语音处理软件，支持语音输入和语言识别。用户如果不需要，可以将其隐藏，方法是将鼠标指针移动到 Cortana 菜单，在右边弹出的级联菜单中选择"隐藏"命令；同样，也可以选择隐藏"任务视图"按钮。通过双击浏览器图标，用户可以上网浏览信息。

（3）快速启动栏

快速启动栏显示已打开的程序和文件，并在它们之间进行快速切换。

（4）通知区域

通知区域包括时钟及一些提示特定程序和计算机设置状态的图标。

3. 桌面图标

（1）创建桌面图标

桌面上的图标是打开各种程序和文件的快捷方式。用户可以在桌面上创建自己经常使用的程序或文件的图标，在使用时直接在桌面上双击图标即可快速启动该项目。创建桌面图标的操作方法如下。

图 2-3 "新建"子菜单

① 在桌面上的空白处右击，在弹出的快捷菜单中选择"新建"选项。

② 选择"新建"子菜单中的选项，可以创建各种形式的图标，如"文件夹""快捷方式""文本文档"等，如图 2-3 所示。

③ 当用户选择了所要创建的选项后，桌面上会出现相应的图标，用户可以对它进行命名，便于识别。

（2）排列图标

当用户在桌面上创建了多个图标时，如果不进行排序桌面会显得非常凌乱，这样既不利于选择所需要的项目，又影响了视觉效果。选择合适的排列方式进行排序，可以使桌面看上去整洁且有条理。

当用户需要对图标的位置进行调整时，可在桌面或文件夹的空白处右击，在弹出的快捷菜单中选择"查看"或"排序方式"选项，其子菜单中包含了多种排列方式，如图 2-4 所示。

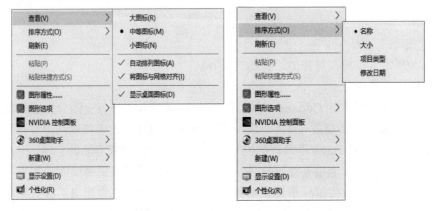

图 2-4 "查看"和"排序方式"命令的子菜单

"排序方式"子菜单中有如下选项。

1）名称：按照图标名称开头的字母或拼音顺序排列。

2）大小：按照图标所代表文件的大小顺序来排列。

3）项目类型：按照图标所代表文件的类型来排列。

4）修改日期：按照图标所代表文件的最后一次修改时间来排列。

当用户选择"查看"或"排序方式"子菜单中的某个选项后，在其旁边会出现 ● 或 ☑ 标志，表明该选项被选中。如果用户选择了"自动排列图标"选项，则在对图标进行移动时会出现一个选定标志，这时只能在固定的位置将各图标的位置进行互换，而不能拖动图标到桌面上的任意位置。如果用户选择了"将图标与网格对齐"选项，当调整图标的位置时，则图标总是成行成列地排列，且不能移动到桌面上的任意位置。如果取消选择"显示桌面图标"选项，桌面上将不显示任何图标。

4. 菜单

在 Windows 10 中有 3 种经典菜单形式："开始"菜单、下拉式菜单和弹出式快捷菜单。

（1）"开始"菜单

"开始"菜单是打开计算机程序、文件夹和调整设置的主门户。之所以称为"菜单"，是因为它提供了一个选项列表。"开始"的含义是用户要启动或打开某项内容的位置。与 Windows 8 相比，Windows 10 并没有重大的改进，仅仅是许多细节的改进和调节。传统桌面的"开始"菜单既照顾了 Windows 等老用户的使用习惯，又同时考虑了 Windows 8/Windows 8.1 用户的习惯，依然提供主打触摸操作的开始屏幕。

使用"开始"菜单可执行以下常见的操作：启动程序，打开常用的文件夹，搜索文件、文件夹和程序，更改计算机设置，获取有关 Windows 操作系统的帮助信息，关闭计算机，注销 Windows 或切换到其他用户账户。

若要打开"开始"菜单，则可单击屏幕左下角的"开始"按钮■，或者按键盘上的 Windows 徽标键■。"开始"菜单分为以下 3 个基本部分。

1）左侧的窗格上首先显示的是计算机上最近安装的程序图标。有一个展开/折叠按钮，可以进行展开或折叠操作。用户可以自定义此列表，所以其外观会有所不同。然后是按字母顺序显示的应用程序图标或文件夹，可以滚动进行浏览。

2）左侧窗格分别显示■、■、■、■和■按钮。单击■按钮可以进行更改用户设置、锁定和注销操作。单击■和■按钮可以进行搜索，输入搜索项可在计算机上查找文档或图片。单击■按钮可以进行系统设置，即控制面板的操作。单击■按钮可以进行睡眠、关机或重启操作。

3）右侧窗格是兼容 Windows 8/Windows 8.1 的主打触摸操作的开始屏幕，用户可以单击相应的应用程序图标来执行相应的应用程序。

（2）下拉式菜单

位于应用程序窗口标题下方的菜单栏大多采用下拉式菜单方式，如图 2-5 所示。下拉式菜单中含有若干个选项，为了便于使用，选项按功能分组，分别放在不同的菜单项里。当前能够使用的有效选项以深色显示，无效选项则呈浅灰色。如果菜单选项旁带有"…"，则表示选择该选项后将打开一个对话框，以便用户输入必要的信息或做进一步的选择。系统通过隐藏用户最近未使用的选项来保持菜单的整洁，可以通过单击菜单底部的箭头来打开整个菜单。

（3）弹出式快捷菜单

弹出式快捷菜单是一种随时随地为用户服务的"上下文相关的弹出式菜单"。将鼠标指针指向某个对象或屏幕的某个位置并右击，即可弹出一个快捷菜单。该菜单列出了与用户正在执行的操作直接相关的选项。例如，将鼠标指针指向一个文件并右击，弹出如图 2-6 所示的快捷菜单，从中可以看出，菜单的内容都是与该文件有关的选项。

快捷菜单中的这些选项是与上下文相关的，右击时鼠标指针所指的对象和位置不同，弹出的菜单选项内容也会有所不同。快捷菜单的这些特性也体现了面向对象的设计思想，快捷菜单是一项非常实用的功能，用户应尽量熟练地掌握其用法。

图 2-5　下拉式菜单　　　　　　　　图 2-6　上下文相关的弹出式菜单

2.1.3　Windows 10 窗口

当用户打开一个文件或者应用程序时，都会出现一个窗口，如图 2-7 所示。窗口是用户进行操作时的重要组成部分，熟练掌握对窗口进行操作的方法会提高用户的工作效率。Windows 10 默认采用类似 Office 2016 的功能区界面风格，这个界面让文件管理操作更加方便直观。

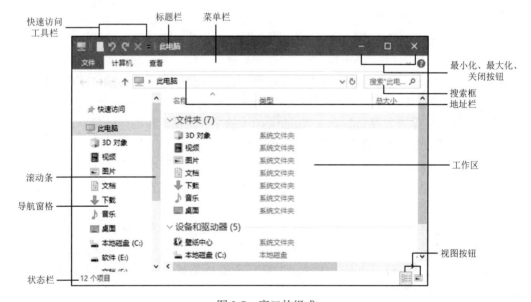

图 2-7　窗口的组成

1. 窗口组成

窗口是 Windows 系统中最常见的操作对象，它是屏幕上的一个矩形框。运行一个程序或打开一个文件夹，系统都会在桌面上打开一个相应的窗口，这也是 Windows 这个名称的由来。窗口按照用途可分为应用程序窗口、文件夹窗口和对话框窗口 3 种类型。

1）应用程序窗口是应用程序面向用户的操作平台，用户通过该窗口可以完成应用程序的各项工作任务。例如，Word 是用于文字处理的应用程序，PowerPoint 是用于制作演示文稿的应用程序。在 Windows 10 中运行应用程序, 就会打开一个对应的应用程序窗口。

2) 文件夹窗口是某个面向用户的文件夹操作平台, 通过该窗口, 用户可以对文件夹的各项内容进行设置。

3) 对话框窗口是系统或应用程序打开的、与用户进行信息交流的子窗口。

(1) 窗口的基本组成

窗口的组成如图 2-7 所示。

1) 标题栏: 位于窗口顶部, 用于显示窗口的名称。当标题栏呈高亮显示(蓝色)时, 此窗口称为当前窗口(或称为活动窗口)。

2) 菜单栏: 位于标题栏的下方, 提供程序中大多数命令的访问途径。

3) 快速访问工具栏: 在标题栏左侧的按钮区域称为快速访问工具栏。默认的图标功能为查看属性和新建文件夹。用户可以单击快速访问工具栏右侧的下拉按钮, 从下拉列表中选择需要在快速访问工具栏上显示的功能选项, 并可完成设置工具栏位置的操作。

4) 地址栏: 显示窗口或文件所在的位置, 即路径。

5) 搜索框: 用于搜索相关的程序或文件。

6) 导航窗格: 显示当前文件夹中所包含的可展开的文件夹列表。

7) 工作区: 用于显示信息或供用户输入资料的区域。

8) 滚动条: 当要显示的内容不能全部显示于窗口时, 在窗口的下方和左侧会出现滚动条, 即水平滚动条和垂直滚动条, 使用滚动条可查看窗口中未显示的内容。

9)"最小化"按钮: 单击该按钮, 窗口将最小化, 并缩小到任务栏中。

10)"最大化"/"还原"按钮: 单击该按钮, 程序窗口将最大化, 充满整个屏幕, 在窗口最大化后,"最大化"按钮就变成了"还原"按钮, 单击"还原"按钮, 最大化窗口将还原成原来的窗口, 包括窗口的大小和位置。

11)"关闭"按钮: 单击该按钮, 将关闭窗口及应用程序。

12)"撤消"按钮 ↻: 单击该按钮, 可以回到前一步操作的窗口。

13)"恢复"按钮 ↺: 单击该按钮, 可以回到操作过的上一步操作窗口。

14)"删除"按钮 ✕: 单击该按钮, 可以将所选对象放入"回收站"或永久删除。

15) 状态栏: 用于显示当前窗口的详细信息。

16) 视图按钮: 根据需要改变当前窗口中信息显示方式。

(2) 对话框

当完成一个操作, 需要向 Windows 进一步提供信息时, 会打开一个对话框, 如图 2-8 所示。对话框是系统和用户之间交流的窗口, 供用户从中阅读提示、选择选项、输入信息等。

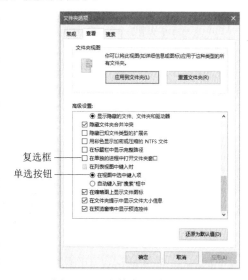

图 2-8 "文件夹选项"对话框

对话框的顶部有对话框标题（标题栏）和"关闭"按钮，但一般没有"最大化"和"最小化"按钮，所以对话框的大小通常不能改变，但可以移动（按住鼠标左键拖动标题栏即可），也可以关闭。

常见的对话框包括以下组成部分。

1）单选按钮：在一组相关的选项中，必须选中一个且只能选中一个。

2）复选框：一些具有开关状态的设置项，可选中其中的一个或多个，也可以都不选（方框内出现标记"✔"时，即为选中）。

3）文本框：可在其中输入文字信息。

4）选择框（变数框、微调框）：单击上箭头增大数字，单击下箭头减小数字。如果当前数与需要的数相差较大，则可直接输入数字。

5）列表框：列表框中列出了可供用户选择的各种选项。如果列表内容很多，不能一次全部显示，则列表框中会出现垂直或者水平滚动条。

6）下拉列表框：与文本框相似，但是其右端带有一个向下的箭头，单击该箭头时会打开一个可供用户选择的列表。

7）滑尺：对话框中的滑尺大多用于调节系统组件，如调节鼠标双击的速度、键盘的响应速度等。

8）加减器：在加减器中可选择几个数字中的一个，方便用户的输入。一般来说，用户可在加减器指定的数值范围之内进行选择。

9）按钮：单击某一个按钮，可执行相应的命令，如果按钮后存在"…"，则单击它可弹出一个对话框。

2. 窗口的基本操作

应用程序窗口和文档窗口的操作主要包括移动、缩放、切换、排列、最小化、最大化、关闭等。

2.1.4　帮助功能

Windows 10 提供了功能强大的帮助系统，当用户在使用计算机的过程中遇到了疑难问题无法解决时，就可以在帮助系统中寻找解决问题的方法。

1. 使用 F1 快捷键或单击窗口右上角的 ❓ 图标

传统意义上，F1 键一直是打开 Windows 内置帮助文件的快捷键。如果在打开的应用程序中按 F1 键，而该应用程序如果提供了自己的帮助功能，则将打开支持服务。反之，Windows 10 会调用用户当前的默认浏览器打开 Bing 搜索页面，以获取 Windows 10 中的帮助信息。

2. 询问 Cortana

Cortana 是 Windows 10 中自带的语音搜索工具，它不仅可以帮助用户安排会议、搜索文件，还可以回答用户的问题，因此有问题找 Cortana 也是一个不错的选择。当用户需要获取一些帮助信息时，最快捷的办法就是询问 Cortana，看它是否可以给出回答。

2.2　文件管理

2.2.1　文件及文件夹操作

通过"此电脑"窗口和"文件资源管理器"窗口，可以实现对计算机资源的绝大多数操作和管理，这两者是统一的。文件资源管理器是 Windows10 文件管理的核心，双击任何一个文件夹图标，系统都会通过文件资源管理器打开并显示该文件的内容。通过文件资源管理器，可以非常方便地完成对文件、文件夹和磁盘的各种操作，还可以作为启动平台启动其他应用程序。

1. "此电脑"窗口

"此电脑"窗口用于管理计算机上的所有资源。双击桌面上的"此电脑"图标，即可打开"此电脑"窗口（图 2-7），方便用户访问此电脑上的各种资源。

2. "文件资源管理器"窗口

打开 Windows 10 "文件资源管理器"窗口，常用的方法有以下两种。

1）右击"开始"按钮▊，在弹出的快捷菜单中选择"文件资源管理器"选项。

2）单击"开始"按钮▊，在打开的程序列表"Windows 系统"中选择"文件资源管理器"选项。

"文件资源管理器"窗口如图 2-9 所示，左侧窗格显示了所有磁盘和文件夹的列表，称为导航窗格；中间窗格用于显示选定的磁盘和文件夹中的内容，称为内容显示窗格；右侧的窗格中列出了选定磁盘和文件夹的详细信息等，称为详细信息窗格。窗口左右和上下各部分之间可以通过拖动分界线改变大小。

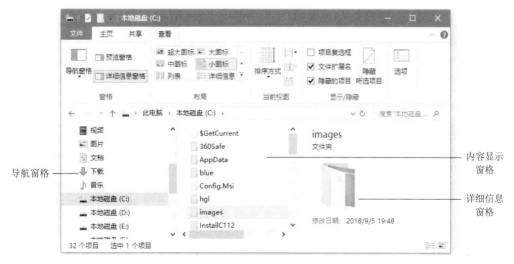

图 2-9　"文件资源管理器"窗口

（1）导航窗格

导航窗格位于"文件资源管理器"窗口的左侧，分为 3 个部分，从上至下依次是"快速访问""此电脑""网络"。使用导航窗格可以快速访问桌面、文档、图片等文件夹，通过"此电脑"甚至可以访问整个硬盘；可以展开"此电脑"浏览文件夹和子文件夹。

（2）内容显示窗格

内容显示窗格是"文件资源管理器"窗口最重要的组成部分，其中显示的是当前文件夹中的内容。如果通过在搜索框中输入内容来查找文件，则仅显示与搜索相匹配的文件。

（3）详细信息窗格

详细信息窗格位于"文件资源管理器"窗口的下方，可以显示当前被选中文件或文件夹的尺寸、创建日期、类型、标题等信息，也可以编辑文件的部分属性信息。

单击"文件资源管理器"｜"查看"按钮，如图 2-10 所示，可以在"查看"选项卡中对"文件资源管理器"窗口的布局进行调整，分别单击"详细信息窗格"按钮、"预览窗格"按钮、"导航窗格"下拉按钮，可以在"文件资源管理器"窗口中显示相应的内容。此外，"主页"选项卡中还含有与文件操作相关的选项，如"剪切""复制""粘贴""全选"选项等，可以用于完成对文件的基本操作。

图 2-10 "查看"选项卡

3. 库

库集中管理文档、音乐、图片和其他类型文件。在库中可以使用与文件夹中相同的操作方式浏览文件，也可以查看按属性（如日期、类型和作者）排列的文件。在某些方面，库类似于文件夹。例如，打开库时将看到一个或多个文件。但与文件夹不同的是，库可以收集存储在多个位置中的文件，这是一个细微但重要的差异。库实际上不存储项目，它监视包含项目的文件夹，并允许用户以不同的方式访问和排列这些项目。例如，如果在本地硬盘和外部驱动器上的文件夹中有音乐文件，则可以在使用音乐库的同时访问所有音乐文件。用户可对库进行如下操作。

（1）新建库

Windows 10 有 4 个默认库，即文档库、音乐库、图片库和视频库。除此之外，用户还可以为其他集合创建新库。操作方法是双击"此电脑"图标，在打开的"此电脑"窗口左侧找到库（如果在左窗格中没有出现"库"，可以依次单击"查看"｜"导航窗格"｜"显示库"按钮，如图 2-11 所示，接着在左侧找到"库"选项，右击，在弹出的快捷菜单中选择"新建"｜"库"选项，如图 2-12 所示，最后输入库名称即可。

（2）设置库

库可以收集不同文件夹中的内容，还可以将不同位置的文件夹包含到同一个库中，然后以一个集合的形式查看和排列这些文件夹中的文件，也可以删除库中包含的文件夹。

图 2-11　显示库　　　　　　　　　　　　　　图 2-12　新建库

　　若要添加文件夹到库中，则可以打开"文件资源管理器"窗口，在导航窗格中找到要包含的文件夹的库，双击，打开库，在中间的内容显示窗格中，单击"包括一个文件夹"按钮，在打开的窗口中找到并选择要加入库中的文件夹，单击"加入文件夹"按钮，就可以将一个文件夹添加到库中，如图 2-13 所示。

　　当不再需要某个文件夹时，可以将其删除。从库中删除文件夹，不会删除原始位置的文件夹及文件。从库中删除文件夹的操作如下。

　　打开"文件资源管理器"窗口，在左侧的导航窗格中找到要删除的库，右击，在弹出的快捷菜单中选择"属性"选项，打开如图 2-14 所示的"属性"对话框。在该对话框中选择要删除的文件夹，单击"删除"按钮，然后单击"确定"按钮即可。

图 2-13　为库添加文件夹　　　　　　　　　　图 2-14　"属性"对话框

（3）设置文件和文件夹的显示模式

为了便于进行文件操作，在"文件资源管理器"窗口的"查看"选项卡中，用户可以根据自己的喜好选择使用中图标、列表、详细信息（显示有关文件的多列信息）、平铺和内容（显示文件中的部分内容）等视图模式，如图 2-15 所示。

图 2-15　设置文件和文件夹的显示模式

4. 文件及文件夹管理

对文件和文件夹进行管理是 Windows 10 操作系统中的基本操作。前面介绍的"文件资源管理器"和"此电脑"窗口是对文件和文件夹进行管理的工具，下面介绍一些基本的文件与文件夹管理方法，它们都是在"文件资源管理器"或"此电脑"窗口中进行操作的。

（1）新建文件夹

在从桌面开始的各级文件夹中，如果有需要，都可以创建新的文件夹。在创建新文件夹之前，需要确定将新文件夹置于什么位置，如果将新文件夹建立在磁盘的根节点上，则要单击该磁盘的图标，再创建新文件夹；如果新文件夹作为某个文件夹的子文件夹，则应该先打开该文件夹，然后在文件夹中创建新文件夹。

1）在桌面上建立一个新文件夹：在桌面空白处右击，在弹出的快捷菜单中选择"新建"｜"文件夹"选项，输入文件夹名称。

2）在窗口中建立新文件夹：打开"此电脑"或"文件资源管理器"窗口，单击"主页"｜"新建文件夹"按钮，或者在内容显示窗格的空白处右击，在弹出的快捷菜单中选择"新建"｜"文件夹"选项，输入文件夹名称。默认的文件夹名为"新建文件夹"。

（2）选择文件或文件夹

在对文件或文件夹进行操作之前，一定要先选择文件或文件夹，一次可选择一个或多个文件或文件夹，选择的文件或文件夹呈高亮度显示。选择的方法有以下几种。

1）单击选择：单击要选择的文件或文件夹，可以选择一个文件或文件夹。

2）拖动选择：在文件夹窗口中按住鼠标左键拖动，将出现一个虚线框，用虚线框框住要选择的文件或文件夹，然后释放鼠标左键，则在框中的文件或文件夹全被选中。

3）多个连续文件或文件夹的选择：单击选择第一个文件或文件夹，按住 Shift 键，然后单击最后一个要选择的文件或文件夹，释放 Shift 键。

4）多个不连续文件或文件夹的选择：单击选择第一个文件或文件夹，按住 Ctrl 键，然后单击需要选择的其他文件或文件夹，结束后释放 Ctrl 键。

5）选择所有文件或文件夹：单击"主页"｜"全部选择"按钮，或按 Ctrl+A 组合键，将选择文件夹中的所有文件或文件夹。

6）反向选择：单击"主页"｜"反向选择"按钮，选择文件夹中除需选择之外的所有文件或文件夹。

7）撤销选择：若要撤销某一选择，先按住 Ctrl 键，然后单击要取消的文件或文件夹；若要撤销所有选择，则单击窗口中的其他区域。

（3）删除文件或文件夹

对于无用的文件或文件夹应及时删除，以释放更多的可用存储空间。删除方法如下。

1）菜单法：在选择需要删除的文件或文件夹后，单击"主页"｜"删除"按钮。

2）快捷菜单法：在选择的待删除的文件或文件夹上右击，在弹出的快捷菜单中选择"删除"选项。

3）键盘法：选择待删除的文件或文件夹后，直接按 Delete 键。

4）鼠标拖动法：用鼠标拖动待删除的文件或文件夹到桌面上的回收站。

注意：执行删除操作后，系统会弹出确认删除操作的对话框。如果确认要删除，则单击"是"按钮，文件或文件夹将被删除；否则单击"否"按钮，将放弃所做的删除操作。

另外，删除文件夹操作将把该文件夹所包含的所有内容全部删除。对于从本地硬盘上删除的文件或文件夹而言，将被放在回收站中，在回收站被清空之前一直会保存在其中。

如果要撤销对这些文件或文件夹的删除，则可以到回收站中恢复文件或文件夹。方法是在回收站中选择需要恢复的对象，然后在"回收站工具"选项卡中选择"还原选定的项目"选项，或右击，在弹出的快捷菜单中选择"还原"选项。

（4）打开文件或文件夹

文件主要包括应用程序文件和文档文件两大类。在"文件资源管理器"或"此电脑"窗口中打开文件的方法很简单，只需选择要打开的文件，在"文件资源管理器"的内容显示窗格或"此电脑"窗口中双击文件图标，即可打开相应的应用程序或文档文件。

打开文件夹的方法：在"文件资源管理器"导航窗格中单击文件夹图标，或在中间内容显示窗格中双击文件夹图标，可打开文件夹，在内容显示窗格中将显示被打开文件夹的内容。

（5）重命名文件或文件夹

对文件或文件夹进行重命名的方法有多种，不论使用哪种方法，都必须先选择需要重命名的文件或文件夹，并且每次只能重命名一个文件或文件夹。

如果用鼠标操作，则单击需要重新命名的文件或文件夹，稍做停顿后单击该文件或文件夹的名称处就会出现重命名框，在重命名框中输入新名称，确认即可。

也可以选择需要重命令的文件或文件夹，按快捷键 F2 重命名文件或文件夹，或右击，在弹出的快捷菜单中选择"重命名"选项。

（6）移动文件或文件夹

移动文件或文件夹操作，是把选择的文件或文件夹从某个磁盘或文件夹中移动到另一个磁盘或文件夹中，原来位置中不再包含被移走的文件或文件夹。移动文件或文件夹有以下 3 个方法。

1）使用菜单命令进行移动：选择需要移动的文件或文件夹，然后单击"主页"｜"剪切"按钮，或右击某个文件或文件夹，在弹出的快捷菜单中选择"剪切"选项，单击目标盘或文件夹，单击"主页"｜"粘贴"按钮，或者右击目标盘或文件夹图标，在弹出的快捷菜单中选择"粘贴"选项，完成移动操作。

2）用鼠标左键拖动进行移动：选择需要移动的文件或文件夹，在按住 Shift 键（如果在同一个磁盘的不同文件夹之间进行移动操作，则可以直接用鼠标拖动进行移动，而不必按住 Shift 键）的同时用鼠标左键拖动选中的文件或文件夹至目标磁盘或文件夹图标，然后释放鼠标左键和 Shift 键，完成移动操作。

3）用快捷键进行移动：选择需要移动的文件或文件夹，按 Ctrl+X 组合键，再单击目标磁盘或文件夹，按 Ctrl+V 组合键，完成移动。

（7）复制文件或文件夹

复制是指在指定的磁盘和文件夹中，产生一个与当前选定文件或文件夹完全相同的副本。复制操作完成以后，原来的文件或文件夹仍保留在原位置，并且在指定的目标磁盘或文件夹中多了一个副本。复制文件或文件夹的方法有以下几种。

1）使用菜单命令进行复制：选择需要复制的文件或文件夹，然后单击"主页"|"复制"按钮，或右击某个文件或文件夹，在弹出的快捷菜单中选择"复制"选项，单击目标盘或文件夹，单击"主页"|"粘贴"按钮，或者右击目标盘或文件夹图标，在弹出的快捷菜单中选择"粘贴"选项，完成复制。

2）用鼠标左键拖动进行复制：确保能看到待复制的文件或文件夹，并且能看到目标盘和文件夹图标。选择需要复制的文件或文件夹，在按住 Ctrl 键（如果在两个不同的磁盘之间进行复制，则可以直接用鼠标拖动进行复制，而不必按住 Ctrl 键）的同时用鼠标左键拖动选中的文件或文件夹至目标盘或文件夹图标，然后释放鼠标左键和 Ctrl 键，完成复制操作。

3）用快捷键进行复制：选择需要移动的文件或文件夹，按 Ctrl+C 组合键，然后单击目标盘或文件夹，按 Ctrl+V 组合键完成复制。

（8）查找文件或文件夹

文件夹的引入使文件的排列比较随意且易于实现，但这种随意性和易用性也会给初学者带来一些困惑，一个不经意的拖放动作，常常把文件拖动到其他文件夹中。通过"文件资源管理器"中的"搜索"功能可以快速、高效地查找文件或文件夹，甚至可以查找到网络上某台特定的计算机。

搜索框位于每个窗口的顶部（单击"开始"菜单上方的两个图标▨和▤，可以分别搜索图片或文档），在搜索框中输入词或短语，就可查找当前文件夹或库中的项。注意，只要输入内容，搜索就开始了。例如，当输入 B 时，所有名称以字母 B 开头的文件都将显示在文件列表中。

若要查找文件，则可打开该文件最有可能存在的文件夹或库作为搜索的起点，然后单击搜索框并输入搜索内容。搜索框基于所输入的搜索内容筛选当前视图。如果搜索字词与文件的名称、标记或其他属性，甚至文本文档内的文本相匹配，则该文件将作为搜索结果显示出来。

如果基于属性（如文件类型）搜索文件，则可以在输入文本之前，单击搜索框，然后单击窗口中的搜索工具菜单，从工具菜单中单击"修改日期"、"大小"、"类型"或"其他属性"中的某一个按钮米缩小搜索范围。这样会在搜索文本中添加一条"搜索筛选器"

（如"类型"），它将为用户提供更准确的搜索结果。

如果在搜索结果中没有看到需要查找的文件，则可以通过单击搜索结果底部的某一个选项来更改整个搜索范围。例如，如果在文档库中搜索文件，但无法找到该文件，则可以单击"库"按钮，将搜索范围扩大到其余的库。

5. 快捷方式的建立

快捷方式是指向某个程序的"链接"，只记录了程序的位置及运行时的一些参数。使用快捷方式可以快速访问程序，而不必打开多个文件夹窗口来查找。在桌面上看到的一些图标其实就是这些程序的快捷方式，Windows 10 允许用户在桌面上创建指向该对象的快捷方式。在桌面上创建快捷方式图标，常用的方法有以下几种。

（1）方法一

1）在桌面空白处右击，在弹出的快捷菜单中选择"新建"｜"快捷方式"选项，打开"创建快捷方式"对话框，如图 2-16 所示。

2）在"请键入对象的位置"文本框中输入盘符、路径、文件名，也可以单击"浏览"按钮，在打开的对话框中依次选择盘符、路径、文件名，再单击"下一步"按钮，打开如图 2-17 所示的对话框。

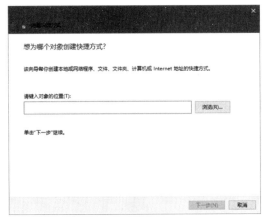

图 2-16　"创建快捷方式"对话框

图 2-17　为快捷方式命名

3）在"键入该快捷方式的名称"文本框中输入快捷方式的名称（或使用默认名称）。

4）单击"完成"按钮。

（2）方法二

在"文件资源管理器"或"此电脑"窗口中找到文件，右击该文件，在弹出的快捷菜单中选择"创建快捷方式"选项，则新的快捷方式将出现在原文件所在的位置上，将新的快捷方式拖动到所需的位置即可。

（3）方法三

在"此电脑"或"文件资源管理器"窗口中找到文件，右击该文件，在弹出的快捷菜单中选择"发送到"｜"桌面快捷方式"选项。

图 2-18 文件的"属性"对话框

2.2.2 文件属性的设置

在"文件资源管理器"窗口中选中文件或文件夹，右击，在弹出的快捷菜单中选择"属性"选项，即可在打开的"属性"对话框中查看该对象的具体属性信息，如图 2-18 所示。使用"属性"对话框可以查看项目的当前属性，还可在必要时对它们进行修改，同时还可得到文件和文件夹的大小、创建日期及其他重要的统计数据。

2.2.3 回收站的使用

回收站用于存放用户删除的文件，默认图标是一个废纸篓。被删除的文件、文件夹等均放在回收站中。双击"回收站"图标，可将其打开。回收站中的文件或文件夹可以被彻底删除，也可以恢复到原来的位置。若要彻底删除回收站中的全部文件或文件夹，则单击"回收站工具"｜"清空回收站"按钮；若要删除某些对象，则选定对象后，单击"主页"｜"删除"按钮，或右击，在弹出的快捷菜单中选择"删除"选项；若要对回收站中的某些对象进行还原，则可在选定这些对象后，单击"回收站工具"｜"还原选定的项目"按钮，或右击，在弹出的快捷菜单中选择"还原"选项。

2.3 磁盘管理

2.3.1 磁盘格式化

在 Windows 10 中，磁盘格式化的操作步骤如下。

1）双击桌面上的"此电脑"图标，打开"此电脑"窗口，选中某个磁盘，单击"驱动器工具"｜"格式化"按钮；或右击，在弹出的快捷菜单中选择"格式化"选项，打开的"格式化 软件"对话框如图 2-19 所示。

2）在"格式化 软件"对话框中选择适当的选项。例如，在"容量"下拉列表中选择磁盘的容量，在"卷标"文本框中输入一个磁盘卷标来标识磁盘。若磁盘不是首次格式化，而且确保没有损坏扇区，则可以选中"快速格式化"复选框，只清除磁盘中的文件和文件夹；若不选中该

图 2-19 "格式化 软件"对话框

复选框，则格式化时还要检查磁盘是否有损坏扇区，这种方式速度较慢。

3）单击"开始"按钮，开始格式化磁盘。

4）格式化完成后，会打开"格式化完毕"对话框，单击"确定"按钮。返回到格式化窗口，可以继续格式化其他的磁盘。

2.3.2　磁盘清理

执行磁盘清理的操作步骤如下。

1）单击"开始" | "Windows 管理工具" | "磁盘清理"按钮，打开"磁盘清理：驱动器选择"对话框。

2）在该对话框中选择要进行清理的驱动器，然后单击"确定"按钮，打开该驱动器的磁盘清理对话框，如图 2-20 所示。

图 2-20　软件的磁盘清理对话框

3）在"磁盘清理"选项卡的"要删除的文件"列表框中列出了可删除的文件类型及其所占用磁盘空间的大小，选中某文件类型前的复选框，在进行清理时即可将该文件类型删除；"可获得的磁盘空间总量"选项组显示了删除所有选中复选框的文件类型后可获得的磁盘空间总量；"描述"选项组显示了当前选择的文件类型的描述信息。

4）单击"确定"按钮进行清理，清理完毕后，该对话框将自动关闭。

2.3.3　磁盘碎片整理

运行磁盘碎片整理程序的操作步骤如下。

1）单击"开始" | "Windows 管理工具" | "碎片整理和优化驱动器"按钮，打开"优化驱动器"对话框，如图 2-21 所示。

图 2-21　"优化驱动器"对话框

2）该对话框显示了磁盘的一些状态和系统信息。选择一个磁盘，单击"分析"按钮，系统即可分析该磁盘是否需要进行磁盘整理，并弹出是否需要进行磁盘碎片整理的提示框。

3）单击"优化"按钮即可开始对磁盘碎片进行整理和优化。

2.3.4　磁盘信息查看与查错

1. 信息查看

查看磁盘信息的操作步骤如下。

1）双击桌面上的"此电脑"图标，在打开的"此电脑"窗口中选择要查看的磁盘。

2）选中该磁盘，右击，在弹出的快捷菜单中选择"属性"选项，打开如图 2-22 所示的对话框。

3）选择"常规"选项卡，可以在最上面的文本框中输入磁盘的卷标。该选项卡中部显示了该磁盘的类型、文件系统、已用空间及可用空间等信息；该选项卡的下部显示了该磁盘的容量，并用饼图的形式显示已用空间和可用空间的比例信息。单击"磁盘清理"按钮即可启动磁盘清理程序，进行磁盘清理。

4）单击"应用"按钮，即可更改文本框中输入的磁盘卷标。

图 2-22　"软件（E:）属性"对话框

2. 磁盘查错

执行磁盘查错程序的操作步骤如下。

1）双击"此电脑"图标，打开"此电脑"窗口。

2）右击要进行磁盘查错的磁盘图标，在弹出的快捷菜单中选择"属性"选项，打开相应的属性对话框，选择"工具"选项卡，如图 2-23 所示。

3）在该选项卡中有"检查"和"优化"两个按钮，单击"检查" | "开始检查"按钮，弹出"错误检查"对话框，如图 2-24 所示。

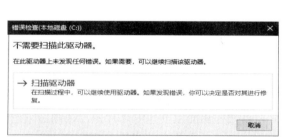

图 2-23　"工具"选项卡　　　　　　　图 2-24　"错误检查"对话框

4）在该对话框中，用户可以通过选择"扫描驱动器"命令来发现磁盘的错误，然后进行修复；或单击"取消"按钮，忽略磁盘的错误。

5）单击"优化"按钮，立即进行碎片整理，即可运行磁盘碎片整理和优化驱动器程序。

2.4　控制面板的使用

2.4.1　桌面背景及屏幕保护

1. 设置桌面背景

（1）设置图片为桌面背景

设置图片为桌面背景的操作步骤如下。

在桌面空白处右击，在弹出的快捷菜单中选择"个性化"选项，或单击"开始" | "设置"按钮，在打开的 Windows 设置窗口中选择"个性化" | "背景"选项，打开桌面背景窗口，如图 2-25 所示。

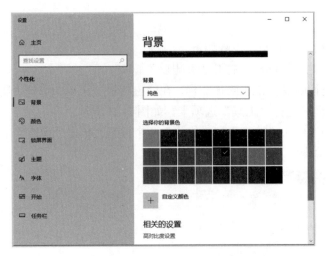

图 2-25　桌面背景窗口

用户可以选择纯色作为自己的桌面背景，也可以在如图 2-25 所示的窗口中选择系统自带的图片，在"背景"下拉列表中选择图片后，再单击下方的"浏览"按钮，从中选择要设为背景图片的盘、文件夹和图片名称，Windows 10 桌面系统会以所见即所得的方式把选择的图片作为背景显示，无须保存即可改变桌面背景图片。

（2）设置幻灯片为桌面背景

Windows 10 操作系统也支持使用幻灯片（一系列不停变换的图片）作为桌面背景，既可以使用用户指定的图片，也可以使用 Windows 10 中某个主题提供的图片。

若要在桌面上创建幻灯片图片，则必须选择多张图片，如果只选择一张图片，幻灯片将结束播放，选中的图片会成为桌面背景。在桌面空白处右击，在弹出的快捷菜单中选择"个性化"选项，或单击"开始"｜"设置"按钮，在打开的 Windows 设置窗口中选择"个性化"｜"背景"选项，打开桌面背景窗口，在该窗口中可以设置图片切换频率，默认是 30 分钟，如图 2-26 所示。

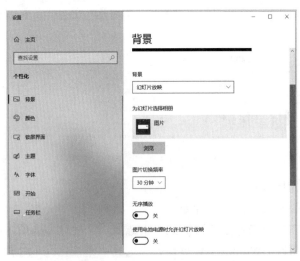

图 2-26　幻灯片放映方式的桌面背景

2. 设置屏幕保护

设置屏幕保护的操作步骤如下。

1）选择屏幕保护程序。在桌面空白处右击，在弹出的快捷菜单中选择"个性化"选项，或者单击"开始"｜"设置"按钮，在打开的 Windows 设置窗口中选择"个性化"选项，在"个性化"窗口中单击"锁屏界面"选项面板中的"屏幕保护程序设置"超链接，如图 2-27 所示，即可打开"屏幕保护程序设置"对话框，如图 2-28 所示。在该对话框的"屏幕保护程序"下拉列表中选择需要的屏幕保护程序，可以在"屏幕保护程序设置"对话框中预览所选的屏幕保护程序的效果。单击"预览"按钮可实现全屏预览，触碰鼠标或键盘就会结束预览，单击"确定"按钮完成设置。

图 2-27　锁屏界面选项面板

图 2-28　"屏幕保护程序设置"对话框

2）屏幕保护程序的设置。如果需要通过密码对屏幕保护程序进行保护，则可选中"在恢复时显示登录屏幕"复选框，此后在退出屏幕保护程序时，需要输入 Windows 密码才能解除对计算机的锁定。

用户还可以根据自己的工作环境和工作习惯，设置进入屏幕保护程序的等待时间。

3. 分辨率和刷新频率设置

Windows 10 会根据显示器选择最佳的显示设置，包括屏幕分辨率和刷新频率。这些设置根据所用显示器的类型、大小、性能及视频显示卡的不同而有所差异。

（1）分辨率的设置

屏幕分辨率指的是屏幕上文本和图像的清晰度。分辨率越高，屏幕上显示的对象越清楚，同时屏幕上的对象显得越小，因此屏幕可以容纳更多内容；分辨率越低，屏幕上的对象越大，屏幕容纳的内容越少，但更易于查看。在分辨率非常低的情况下，显示图像可能存在锯齿状边缘。

例如，640×480 像素（dpi）是较低的屏幕分辨率，而 1600×1200 像素是较高的屏分辨率。CRT 显示器通常具有 800×600 像素或 1024×768 像素的分辨率，LCD 显示器可以更好地支持更高的屏幕分辨率。是否能够增加屏幕分辨率取决于显示器的尺寸、性能及视频显卡的性能。

在桌面空白处右击，在弹出的快捷菜单中选择"显示设置"选项，或者单击"开始"｜"设置"按钮，在打开的 Windows 设置窗口中选择"系统"｜"显示"选项，如图 2-29 所示。

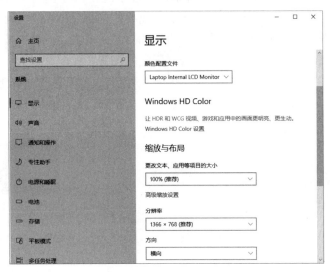

图 2-29　"显示"窗口

在"分辨率"下拉列表中选择所需的分辨率（参考表 2-1 推荐的分辨率），系统将应用选定的分辨率。

表 2-1　根据显示器尺寸推荐的分辨率

显示器尺寸/英寸	推荐的分辨率/dpi
15	1024×768
16～19	1280×1024
20 及以上	1600×1200

注：1 英寸=2.54 厘米。

（2）刷新频率的设置

影响显示器显示效果的另一个重要因素是屏幕刷新频率。如果刷新频率太低，则显示器会出现闪烁现象。通常建议设置 75Hz 以上的刷新频率。

在桌面空白处右击，在弹出的快捷菜单中选择"显示设置"选项，或者单击"开始"｜"设置"按钮，在打开的 Windows 设置窗口中选择"系统"｜"显示"选项，打开如图 2-29 所示的窗口。

在窗口下方单击"高级显示设置"超链接，在打开的对话框中单击"显示器 1 的显示适配器属性"超链接，在打开的对话框中选择"监视器"选项卡，如图 2-30 所示，然后在"屏幕刷新频率"下拉列表中选择新的刷新频率，显示器将花费一小段时间进行调整。单击"应用"按钮，系统将应用刚才选定的显示器刷新频率。

图 2-30 "监视器"选项卡

2.4.2 日期和时间

在任务栏的右端显示系统的当前时间，将鼠标指针指向时间栏并稍稍停顿，就会显示系统日期。若用户想隐藏时间，或需要更改日期和时间，则可以使用以下方法进行设置。

1. 隐藏时间

隐藏时间的操作步骤如下。

1）在任务栏上右击，在弹出的快捷菜单中选择"任务栏设置"选项，打开如图 2-31 所示的"任务栏"窗口，单击右侧通知区域下方的"打开或关闭系统图标"超链接，打开如图 2-32 所示的窗口。

图 2-31 "任务栏"窗口

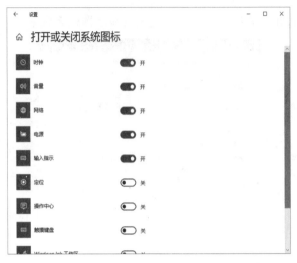

图 2-32　"打开或关闭系统图标"窗口

2）将"时钟"后的开关设置为"关"状态，即可隐藏时间。

2. 更改日期时间

双击时间栏或单击"开始"｜"设置"按钮，在 Windows 设置窗口中单击"时间和语言"图标，在打开的窗口中选择"日期和时间"选项，打开"日期和时间"窗口，将"自动设置时间"下方的开关设置为"关"后，单击"日期和时间"下方的"更改"按钮，

图 2-33　"更改日期和时间"对话框

打开"更改日期和时间"对话框，如图 2-33 所示，选择要更改的日期和时间，更改完毕后单击"更改"按钮。

2.4.3　打印机的安装和设置

打印机是计算机最常用的外部设备，正确掌握其安装、设置和使用方法对用户来说十分重要。本节重点讲述打印机的安装和设置方法。

打印机是最常用的输出设备，在使用一台新的打印机时，应首先进行硬件的连接，然后安装打印机的驱动程序，即在进入 Windows 系统后，放入打印机的安装盘，在一般情况下，打印机的安装盘会自动运行，按照安装向导的提示安装即可。如果不能自动安装，则需要使用"添加打印机"命令进行安装。

1. 打印机的安装

安装型号为 HP LaserJet MFP M129-M134 的打印机的操作步骤如下。

1）单击"开始"｜"设置"按钮，在打开的 Windows 设置窗口中单击"设备"图标，打开"设备"窗口，选择"打印机和扫描仪"选项，在右侧窗格中选择"添加打印机或扫描仪"选项，如图 2-34 所示，Windows 10 自动搜索连接计算机的打印机及扫描仪设备的型号和相应的驱动程序。

图 2-34 "打印机和扫描仪"窗口

2）选择连接计算机的型号为 HP LaserJet MFP M129-M134 的打印机，单击"管理"按钮，打开如图 2-35 所示的窗口，单击"打印机属性"超链接，进行打印机属性的查看及设置。如连接计算机的端口，目前大部分采用 USB 端口。

3）单击"打印测试页"超链接，测试所安装的打印机能否正常打印。

2. 设置默认的打印机

把型号为 HP LaserJet MFP M129-M134 的打印机设为默认打印机的操作步骤如下。

在"打印机和扫描仪"窗口中右击 HP LaserJet MFP M129-M134 图标，在弹出的快捷菜单中选择"设置为默认打印机"选项，如图 2-36 所示，此时 HP LaserJet MFP M129-M134 打印机上就会出现默认图标。

图 2-35 打印机设置窗口

图 2-36 "设置为默认打印机"选项

2.4.4　账户设置

Windows 10 操作系统支持多用户账户，可以为不同的账户设置不同的权限，它们之间互不干扰，独立完成各自的工作。

1. 添加和删除账户

在 Windows 10 中添加和删除账户的具体操作步骤如下。

1）单击"开始"｜"设置"按钮，打开 Windows 设置窗口，单击"帐户"图标，在 Windows 设置窗口中选择"其他用户"选项，在右侧选择"将其他人添加到这台电脑"选项，打开管理账户窗口，如图 2-37 所示。

2）在打开的管理账户窗口中双击"用户"文件夹，打开系统已存在的用户列表，单击操作菜单或在窗口的空白处右击，在弹出的快捷菜单中选择"新用户"选项，打开"新用户"对话框，如图 2-38 所示。输入用户名称，如输入"学生"，输入用户登录的密码，单击"创建"按钮即可。

图 2-37　管理账户窗口　　　　　　　　　　　图 2-38　"新用户"对话框

3）返回管理账户窗口，可以看到新建的账户。如果想删除某个账户，则可以单击账户名称，如选择"学生"账户，单击操作菜单，或右击，在弹出的快捷菜单中选择"删除"选项，弹出删除账户提示框，单击"是"按钮即可删除账户，如图 2-39 所示。

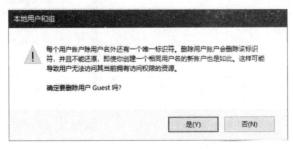

图 2-39　删除账户提示框

4）返回管理账户窗口，可以看到"学生"账户已被删除。

2. 设置账户的属性

添加一个账户后，用户还可以设置其名称、密码和图片等属性。具体操作步骤如下。

1）打开管理账户窗口，选择需要更改属性的账户。

2）单击"更多操作"超链接，在打开的窗口中单击"重命名"按钮，输入账户的新名称。

3）单击"更多操作"超链接，在打开的窗口中单击"设置密码"按钮，在"密码"文本框中输入两次相同的密码，然后单击"确定"按钮。

4）在账户信息窗口中选择"从现有图片中选择"选项，在打开的窗口中选择"更改图片的位置"选项，打开"选择图片"窗口，系统提供了很多图片供用户选择，单击"更改图片"按钮即可更改图片。如果用户将自己的图片设为账户图片，则可以单击"浏览更多图片"按钮，在打开的对话框中选择自己保存的图片，单击"更改图片"按钮即可。

2.5　应用程序

2.5.1　应用程序的运行

1. 启动应用程序

在 Windows 10 中，启动应用程序常用的方法如下。

1）通过"开始"菜单启动应用程序。单击"开始"菜单，在程序列表中通过鼠标滚动浏览找到要运行程序的名称或图标，如果需要的应用程序不在此菜单中，则将鼠标指针指向包含该应用程序的文件夹。找到应用程序后，单击应用程序名称即可。

2）通过"文件资源管理器"或"此电脑"窗口启动应用程序。在"文件资源管理器"或"此电脑"窗口中找到需要启动的应用程序的可执行文件，然后双击可执行文件即可启动应用程序。

3）鼠标指针指向"开始"菜单，右击，在弹出的快捷菜单中选择"运行"选项，打开"运行"对话框，如图 2-40 所示。在"打开"文本框中输入要打开程序的完整路径和文件名。

4）使用桌面快捷图标。若在桌面上放置了应用程序的快捷图标，则双击桌面上的相应快捷图标即可快速启动应用程序。

2. 退出应用程序

在 Windows 10 中，退出应用程序，主要有以下几种方法。

1）单击应用程序窗口右上角的"关闭"按钮。

2）单击"文件" | "关闭"按钮。

3）按 Alt+F4 组合键。

4）当某个应用程序不再响应应用户操作时，可以按 Ctrl+Alt+Delete 组合键，打开"任务管理器"对话框，如图 2-41 所示，选择要结束的程序，单击"结束任务"按钮，即可关闭程序。

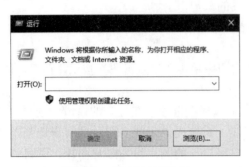

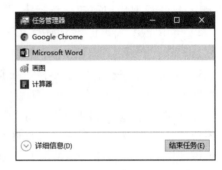

图 2-40 "运行"对话框   图 2-41 "任务管理器"对话框

3. 应用程序之间的切换

Windows 10 具有多任务特性，可以同时运行多个应用程序。打开一个应用程序，在任务栏上就会产生一个对应的图标按钮。同一时刻只会有一个应用程序处于"前台"，称为当前应用程序。其窗口处于最前面，标题栏呈高亮显示，任务栏上的相应按钮呈凹陷状态。切换当前应用程序的方法主要有以下 4 种。

1）单击任务栏中对应的图标。

2）单击窗口中应用程序的可见部分。

3）使用 Alt+Esc 组合键，循环切换应用程序。

4）使用 Alt+Tab 组合键，弹出显示所有活动程序的图标和名称的窗口，如图 2-42 所示，按住 Alt 键，不断按 Tab 键切换程序，选中所需的程序之后，释放 Alt 键。

图 2-42 利用 Alt+Tab 组合键进行程序切换

有时可能需要多个窗口同时可见，这时可以自动调整窗口的大小和位置，只需在任务栏的空白处右击，在弹出的快捷菜单中选择"层叠窗口"、"堆叠显示窗口"或"并排显示窗口"选项。在任务栏的空白处右击，在弹出的快捷菜单中撤销相关选项可恢复原来的布局状态。

2.5.2　Windows 10 的应用程序

Windows 10 系统中自带了几个小的应用软件，主要包括计算器程序、画图程序、记事本程序等，下面通过两个小程序的学习，了解 Windows 10 系统的特点。

1. 计算器程序

单击"开始"菜单，选择"计算器"命令，可打开"计算器"窗口，如图 2-43 所示。其使用方法与日常生活中的计算器几乎相同，只需单击相应的数字和运算符就可以得到运算结果。

在计算器的"打开导航"菜单中选择"科学"选项，打开科学型的计算器窗口，运算功能进一步加强，既可以进行 sin、cos、log 等数学函数的计算，还可以进行角度和进制的转换运算。

2. 画图程序

单击"开始"｜"Windows 附件"｜"画图"按钮，可打开图 2-44 所示的画图程序窗口。

画图程序可以创建简单或者精美的图画。这些图画可以是黑白的，也可以是彩色的，并可以保存为位图文件；可以打印绘图，或者将其粘贴到另一个文档中；还可以用画图程序查看和编辑扫描好的图片。用户可以使用画图程序处理图片，如扩展名为.jpg、.gif或.bmp 的文件，也可以将画图图片粘贴到其他已有文档中，还可以将其作为桌面背景。

图 2-43　"计算器"窗口

图 2-44　画图程序窗口

2.5.3　程序的更改、删除及安装

应用程序（如办公自动化软件 Office、图像处理软件 Photoshop 等）并不包含在Windows 系统内，若使用它们，必须先进行安装。各种程序的安装方法大同小异，可以从"文件资源管理器"窗口进入，通过双击软件中的 Setup 或 Install 可执行文件进行安

装；当不需要使用该程序时，可以从系统中卸载，以节省系统资源。

在 Windows 10 中，程序的卸载可以通过选择 Windows 设置中的"应用"选项来实现。该程序可以帮助用户管理系统中的程序。单击"开始"|"设置"按钮，打开 Windows 设置窗口，选择"应用"选项，可打开"应用和功能"窗口，如图 2-45 所示。

图 2-45　"应用和功能"窗口

1. 更改或删除程序

在"应用和功能"窗口中列出了已在 Windows 10 系统中安装的大部分应用程序，在应用程序列表中找到要删除的程序名称，单击"卸载"按钮，可更改或者卸载程序。在 Windows 10 中删除应用程序时，应该使用该方法来实现，不要只删除应用程序的文件夹或快捷方式，因为许多程序在安装时会在操作系统的文件夹中加入程序的连接文件，删除方法不当会造成删除不彻底。

2. 安装新程序

当从光盘或 U 盘上添加程序时，首先将要安装的程序所在的磁盘插入驱动器中，然后单击"光盘或软盘"按钮，系统会自动搜索光盘驱动器，并列出所有的新程序，最后用户可以选择要安装的程序，再按照向导提示进行安装。

2.6　Windows 10 的中文输入法

中文版 Windows 10 操作系统中默认安装了微软拼音、全拼、双拼和郑码 4 种中文输入法，用户可以在 4 种输入法中选择自己喜爱的输入法。如果用户想要使用 Windows 10 操作系统未提供的输入法，如极点、紫光、搜狗等，就需要进行输入法的安装。现在很多共享和商业的输入法软件都有自动安装程序，能够自动安装，同时提供了自动卸载程序，也有通过输入法的设置窗口来卸载程序的。有时候，用户安装完一种输入法后，该输入法不一定会在语言栏上显示出来，这时就需要添加输入法。

2.6.1　系统自带输入法的安装与删除

1. 系统自带输入法的安装

1）在任务栏中的语言栏上右击，在弹出的快捷菜单中选择"设置"选项，打开"语言"窗口，如图 2-46 所示。

图 2-46　"语言"窗口

2）单击"添加语言"按钮，在打开的"添加输入语言"对话框的"语言"列表框中选择需要添加的语言。

3）单击"下一步"按钮，再单击"安装"按钮完成安装。

2. 系统自带输入法的删除

在如图 2-46 所示的"语言"窗口中，单击"已安装输入法"按钮 ，再单击"选项"按钮，从已安装的输入法中选择要删除的输入法，单击"删除"按钮即可删除输入法。

2.6.2　输入法的设置

在使用各种输入法时，用户可以根据自己的习惯对输入法进行各种设置，如设置默认的输入法及各种输入法的快捷键等。

1. 设置默认的输入法

在如图 2-46 所示的"语言"窗口中单击"拼写、键入和键盘设置"超链接，打开如图 2-47 所示的"输入"窗口，单击"高级键盘设置"超链接，打开如图 2-48 所示的"高级键盘设置"窗口，在安装的输入法中选择一种输入法，设置为默认的输入法。

图 2-47 "输入"窗口

2. 设置输入法的快捷键

用户不仅可以使用快捷键快速打开输入法，也可以使用快捷键在几种输入法之间进行切换。在图 2-47 所示的"输入"窗口中，单击"高级键盘设置"超链接，打开如图 2-48 所示的窗口，单击"语言栏选项"超链接，打开如图 2-49 所示的"文本服务和输入语言"对话框，单击"高级键设置"选项卡，然后选择要设置快捷键的输入法，单击下方的"更改按键顺序"按钮，即可设置输入法的快捷方式。

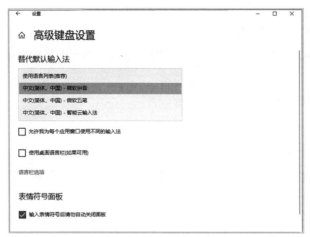

图 2-48 "高级键盘设置"窗口   图 2-49 "文本服务和输入语言"对话框

2.6.3 软键盘及其使用

软键盘是指屏幕上弹出的一个类似于键盘的窗口，单击其中的键就可以输入相应的字符。在输入文字或进行排版的过程中，可通过软键盘输入一些特殊符号、数字符号和外文字母等。Windows 操作系统提供了多种软键盘，用户可以按照实际需求选用。Windows 操作系统内置的中文输入法提供了如图 2-50 所示的软键盘。

图 2-50　软键盘

2.7　上机范例

2.7.1　上机范例 1

【范例 2.1】通过任务栏上的日期时钟图标修改系统当前日期和时间。

操作步骤如下。

① 将鼠标指针指向任务栏上的日期时间图标，右击。

② 在弹出的快捷菜单中选择"调整日期/时间"选项，或单击"开始"｜"设置"按钮，在 Windows 设置窗口中单击"时间和语言"图标，打开"日期和时间"窗口，如图 2-51 所示。

③ 单击"自动设置时间"下方的开关，调整为关闭状态。

④ 单击"更改日期和时间"下方的"更改"按钮。

⑤ 通过下拉列表进行选择，调整对话框中的日期和时间，如图 2-52 所示，单击"更改"按钮。

图 2-51　"日期和时间"窗口

图 2-52　更改日期和时间

【范例 2.2】将 D 盘"报名"文件夹中的"申请表.docx"删除到回收站中，然后将其恢复到原来位置并将回收站清空。

操作步骤如下。

① 双击"此电脑"图标，在导航窗格中单击 D 盘，在右侧内容显示窗格中单击"报名"文件夹，选中"申请表.docx"文件。

② 右击"申请表.docx"文件，在弹出的快捷菜单中选择"删除"选项，或者直接按 Delete 键，或者单击"主页"｜"删除"按钮，将文件删除到回收站中。

③ 双击桌面上的"回收站"图标，打开"回收站"窗口，在"申请表.docx"文件上右击，在弹出的快捷菜单中选择"还原"选项，或者单击"回收站工具"｜"还原选定的项目"按钮，将已删除文件还原到原来位置。

④ 单击"回收站工具"｜"清空回收站"按钮，将回收站中的所有文件彻底从磁盘上删除，不能再恢复。

2.7.2 上机范例 2

【范例 2.3】文件和文件夹操作。在 D 盘根文件夹下建立文件夹，文件夹结构如图 2-53 所示。在 D 盘根文件夹下的"图片"文件夹中建立 3 个文本文件 f1.txt、f2.txt、f3.txt 和一个 BMP 位图文件 p1.bmp，在 f1.txt 文件中任意输入一些文字，在 p1.bmp 中画一个矩形。

操作步骤如下。

① 双击"此电脑"图标，打开"此电脑"窗口，在导航窗格中单击 D 盘，然后在内容显示窗格的空白处右击，在弹出的快捷菜单中选择"新建"｜"文件夹"选项，输入名称为"图片"。

图 2-53 文件夹结构

② 在导航窗格中单击 D 盘，单击"主页"｜"新建文件夹"按钮，输入名称为"文本"。

③ 用同样的方法，在导航窗格中单击 D 盘"文本"文件夹，在内容显示窗格的空白处右击，在弹出的快捷菜单中选择"新建"｜"文件夹"选项，输入名称为"pub1"。在内容显示窗格的空白处右击，在弹出的快捷菜单中选择"新建"｜"文件夹"选项，输入名称为"pub2"。

④ 单击 D 盘的"图片"文件夹，在内容显示窗格的空白处右击，在弹出的快捷菜单中选择"新建"｜"文本文档"选项，输入文件名"f1.txt"，然后在内容显示窗格的空白处右击，在弹出的快捷菜单中选择"新建"｜"文本文档"选项。采用同样的方法创建"f2.txt"和"f3.txt"文件。

⑤ 双击打开建立好的文本文件"f1.txt"，输入任意文字，单击"保存"按钮，关闭窗口。

⑥ 单击"开始"｜"Windows 附件"｜"画图"按钮，启动"画图"应用程序，绘制一个矩形，将其以"p1.bmp"为文件名保存到文件夹"D:\图片"中。

【范例 2.4】文件复制和移动。使用菜单命令方式将 D 盘"图片"文件夹下的"f1.txt"文件复制到"D:\文本"文件夹中，使用快捷键将 D 盘"图片"文件夹下的"f2.txt"文件复制到"D:\文本\pub1"文件夹中,使用鼠标拖动方式将 D 盘"图片"文件夹下的"f3.txt"文件复制到"D:\文本\pub2"文件夹中。

操作步骤如下。

① 选中 D 盘"图片"文件夹下的"f1.txt"文件。

② 使用 Ctrl+C 组合键将"f1.txt"文件复制到剪贴板上。

③ 双击 D 盘"文本"文件夹下的"pub1"文件夹,将其打开。

④ 利用 Ctrl+V 组合键将剪贴板上的"f1.txt"文件复制到"D:\文本\pub1"文件夹中。

⑤ 按 Ctrl 键,将 D 盘"图片"文件夹下的"f3.txt"文件拖动到"文件资源管理器"窗口左侧导航窗格中的"D:\文本\pub2"文件夹中,完成复制操作。

2.8　上机实践

2.8.1　上机实践 1

启动 Windows 10 操作系统,完成如下操作。

1)利用任务栏上的时钟图标查看、修改系统当前日期和时间,利用声音图标将系统设置为静音。

2)分别以"列表"和"详细信息"方式显示 E 盘中的文件和文件夹。

3)按照下列要求设置文件夹选项。

① 在窗口中不显示具有隐藏属性的文件和文件夹。

② 显示已知文件类型的扩展名。

③ 在标题栏显示完整路径。

4)打开控制面板,完成如下操作。

① 将某个图片文件设置为桌面背景。

② 设置一个屏幕保护程序,等待时间为 3 分钟。

③ 卸载计算机上已经安装的腾讯视频软件。

2.8.2　上机实践 2

打开 Windows 10 文件资源管理器,完成如下操作。

1)分别按照名称、类型、大小和修改日期等对 D 盘内容进行重新排列,观察其区别。

2)在 D 盘建立两个文件夹"Teacher1"和"Teacher2",在 E 盘建立一个文件夹"Teacher3",在"Teacher1"文件夹中建立一个 Word 文件"p1.docx"、一个文本文件"q2.txt"。使用鼠标拖曳方式将"p1.docx"文件分别复制到"Teacher2"和"Teacher3"文件夹中。使用快捷键将"q2.txt"文件移动到"Teacher2"文件夹中。

3)将"D:\Teacher2\p1.docx"更名为"s2.docx"。将"s2.docx"文件夹删除到回收站中,然后将其恢复到原来的位置,最后将回收站清空。

操作提示：按 Delete 键即可将文件删除并放入回收站。若直接将文件从磁盘上彻底删除而不放入回收站，则先选中要删除的文件，然后按 Shift+Delete 组合键，即可将文件彻底删除。

4）查看"D:\Teacher2"文件夹中"q2.txt"文件的属性，并将其设置为"只读"和"隐藏"。

5）搜索 E 盘上文件名第 2 个字母为 x、扩展名为.exe 的文件，并将搜索结果中的任意一个文件复制到桌面。

操作提示：在搜索时，可以使用通配符"*"和"?"进行搜索。"*"表示任意多个字符，"?"表示任意一个字符。

第 3 章　文字处理软件 Word 2016

Office 2016 强大的文档处理、电子表格统计、演示文稿演示、数据库管理、电子邮件收发等功能深受广大用户的喜爱。Word 2016 不仅可以让用户创建、编辑、审阅和标注文档，还可以与他人实时分享文档。阅读文档时，新增的 Insight for Office（office 见解）可以让用户检索图片、参考文献和术语解释等网络资源。

3.1　Office 2016 概述

Office 2016 可支持 32 位和 64 位的 Vista、Windows 7、Windows 8 和 Windows 10 操作系统。微软公司面向不同用户推出的 Office 2016 版本包括 Office 2016 家庭和学生版、Office 2016 小型企业版、Office 2016 专业版等。

3.1.1　Office 2016 组件

Office 2016 是当前使用较为广泛的办公软件，包括 Word、Excel、PowerPoint、Outlook、Publisher、OneNote、Access 等组件。

1）Word 2016 是文档编辑工具，集全面的写入工具和易用界面于一体，用于创建和编辑具有特定外观的文档，如信函、论文、报告和小册子等。

2）Excel 2016 是功能强大的电子表格处理程序，可用于计算、分析信息及可视化电子表格数据中的数据。

3）PowerPoint 2016 是功能强大的演示文稿制作工具，使用 SmartArt 图形功能和格式设置工具，可以快速地创建和编辑演示文稿。

4）Access 2016 是一种桌面数据库管理系统，可以用来创建数据库应用程序，并对信息进行跟踪与管理。

5）Outlook 2016 作为电子邮件客户端，是一个全面的时间与信息管理器，可以用来发送和接收电子邮件，管理日程、联系人和任务，以及记录活动等。

6）OneNote 2016 是数字笔记本程序，具有搜集、组织、查找和共享用户的笔记和信息等功能，保证用户能更有效地工作和共享信息。

其他的一些工具，如 Publisher 2016 可用于创建和发布各种出版物；Visio 2016 是流程图绘制程序，使用它可以帮助企业定义流程、编制最佳方案，同时也是建立可视化计划变革的实用工具。这些工具一般只有专业人员才会使用。

3.1.2 Office 2016 的新特性

与以前版本的 Office 相比，Office 2016 的新特性概述如下。

（1）第三方应用支持

通过全新的 Office Graph 社交功能，开发者可将自己的应用直接与 Office 数据建立连接，这样，Office 套件将通过插件接入第三方数据。例如，用户可以通过 Outlook 日历使用 Uber 叫车，或是在 PowerPoint 中导入和购买来自 PicHit 的照片。

（2）多彩新主题

Office 2016 更新了更多色彩丰富的主题，这种新的界面设计名叫 Colorful，风格与 Modern 应用类似，用户可在"文件" | "帐户" | "Office 主题"中选择自己偏好的主题风格。

（3）跨平台的通用应用

在 Office 2016 中，用户在不同平台和设备之间都能获得非常相似的体验，如 Android 手机/平板、iPad、iPhone、Windows 笔记本计算机/台式计算机。

（4）新增的 Office 助手

Office 2016 增加了全新的 Tell Me 助手，可在用户使用 Office 的过程中提供帮助，如将图片添加至文档，或是解决其他故障问题等。在 Office 2016 所有组件中，在主菜单后都增加了"操作说明搜索"功能 操作说明搜索 。这一功能像传统搜索栏一样置于文档中，当在 Office 操作过程中遇到问题时，可以单击 按钮输入关键词进行搜索，即通过搜索实现了 Tell Me 功能。

（5）多窗口显示功能

Office 2016 "视图"选项卡中的"新建窗口"命令可以为当前文档新建一个窗口，能够直接在同一界面中选择文档的不同内容，避免了反复切换文档的麻烦。

（6）屏幕截图功能

Office 2016 在"插入"选项卡中还增加了"屏幕截图"功能，可以直接截取已在计算机上打开的程序或窗口上的图片，并且可以直接导入 Word 中进行编辑。

3.2 Word 2016 窗口

文字处理软件是能够提供文字输入、编辑和输出环境的软件。文字处理软件 Word 集文字、表格、图形编辑、排版、打印功能于一体，其简单、灵活的操作为用户提供了一个良好的文字处理环境。

在 Windows 10 环境下，选择"开始" | "Word 2016"命令，可打开 Word 2016 应用程序窗口，同时系统自动创建文档编辑窗口，并用"文档 1"命名，每创建一个文档便打开一个独立的窗口。

Word 2016 窗口由标题栏、快速访问工具栏、功能区、文本编辑区及状态栏等部分组成，如图 3-1 所示。下面介绍其中的几个主要部分。

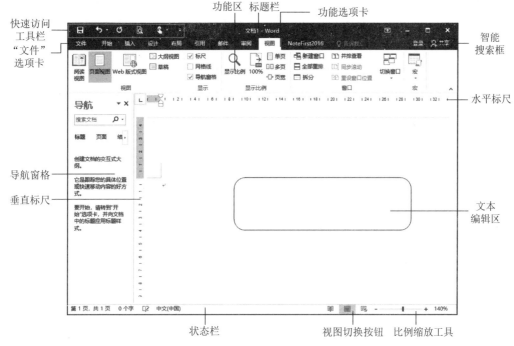

图 3-1　Word 2016 窗口

1．标题栏

标题栏位于 Word 2016 窗口的顶端，显示了当前编辑的文档名称、文档是否为兼容模式。标题栏的最右侧是 Word 2016 的"最小化""最大化""关闭"按钮。

2．快速访问工具栏

在标题栏的左侧是快速访问工具栏。用户可以在快速访问工具栏上放置一些常用的命令，如"保存"、"撤消键入"、"重复键入"及"触摸/鼠标模式"命令等。快速访问工具栏中的命令按钮不会动态变换。

用户可以非常灵活地增减快速访问工具栏中的命令项。若要在快速访问工具栏中增加或者删除命令，仅需要单击快速访问工具栏右侧的向下箭头按钮即可。用户可以在弹出的下拉菜单中选择命令或者取消已选择的命令。

如果选择"自定义快速访问工具栏"中的"在功能区下方显示"命令，这时快速访问工具栏就会出现在功能区下方。

单击标题栏右侧的"功能区显示选项"按钮，会弹出 3 个命令："自动隐藏功能区""显示选项卡""显示选项卡和命令"。如果选择"自动隐藏功能区"命令，功能区全部隐藏，用户可以获得最大的编辑区域，单击右上角的"..."按钮可以恢复功能区。如果选择"显示选项卡"命令，则功能区将最小化，只会显示功能区的名称，隐藏功能区中包含的具体命令项。如果用户在浏览、操作文档内容时使用该命令，则可以增大文档显示的空间。如果选择"显示选项卡和命令"命令，则所获得的编辑区域最小。

3. 功能区

Word 2016 用功能区取代了传统的菜单。在 Word 2016 窗口上方看起来像菜单的名称其实是功能区中选项卡的名称，当单击这些名称时并不会打开菜单，而是切换到与之相对应的功能区选项卡。Word 2016 的功能区包括"开始""插入""引用""邮件""审阅""视图"等选项卡。另外，每个选项卡根据操作对象的不同又可分为若干个组，每个组集成了功能相近的命令。

Word 2016 使用"文件"选项卡代替了 Word 2007 中的 Office 按钮，用户能够更容易地从 Word 2003 和 Word 2007 等版本过渡到 Word 2016。

4. 文本编辑区

文本编辑区是输入、编辑文档的区域，在此区域可以输入文档内容，并可以对文档内容进行编辑、排版。

5. 导航窗格

Word 2016 导航功能的导航方式有标题导航、页面导航、关键字（词）导航和特定对象导航。

切换到"视图"选项卡，选中"显示"组中"导航窗格"复选框，打开"导航"任务窗格，可以轻松查找和定位到想查阅的段落或特定的对象，通过拖放标题可以重新组织文档，迅速处理长文档。

6. 状态栏

状态栏位于窗口的底部，单击状态栏的不同区域，可以获得不同的功能。例如，可以查找、替换和定位，还可以查看文档的字数、发现校对错误、设置语言、改变视图方式和文档显示比例等。

3.3 建立和编辑文档

3.3.1 建立文档

启动 Word 2016 后会自动创建一个新文档，也可以通过选择"文件"｜"新建"命令新建一个文档，新建的文档默认名为"文档 1"，Word 2016 文档以 .docx 为文件扩展名。

1. 输入文本

在输入文本时，经常需要删除字符或词组，比较常见的按键删除方法如下。

1）按 Delete 键，可将选中文本删除，也可删除插入点后面的一个字符。

2）按 Backspace 键，可将选中文本删除，也可删除插入点前面的一个字符。

3）按 Ctrl+Delete 组合键，可将插入点后面的一个词组删除。

4）按 Ctrl+Backspace 组合键，可将插入点前面的一个词组删除。

2．插入特殊符号

在输入文本时，经常需要输入一些键盘上没有的特殊符号，如①、☆、⊙等。插入特殊符号的操作步骤如下。

1）在 Word 2016 编辑窗口中，将插入点定位到需要插入字符的位置。

2）单击"插入"｜"符号"｜"符号"下拉按钮，如图 3-2 所示，可以将下拉列表显示出来的特殊符号插入文档中。

3）如果在下拉列表中选择"其他符号"命令，就会打开"符号"对话框，如图 3-3 所示。

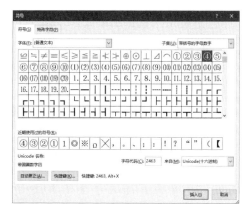

图 3-2　"符号"下拉按钮　　　　　图 3-3　"符号"对话框

4）选择要插入的字符，单击"插入"按钮，即可在插入点处插入字符。

插入特殊符号也可以通过使用输入法状态栏的软键盘来实现。

3．保存文档

文本输入完毕后，选择"文件"｜"保存"命令或单击快速访问工具栏中的"保存"按钮，打开"另存为"窗口，单击"浏览"按钮，打开"另存为"对话框，选择文件的保存位置，在"文件名"文本框中输入新文件名，单击"保存"按钮，完成文档保存操作。

Word 2016 提供了"自动保存"功能以防止在发生断电或死机等意外情况时丢失文档内容。"自动保存"是指在指定时间间隔中自动保存文档。可通过选择"文件"｜"选项"命令，在打开的"选项"窗口中选择"保存"选项来指定自动保存时间间隔，系统默认为 10 分钟。

选择"文件"｜"另存为"命令，打开"另存为"窗口，单击"浏览"按钮，在打开的"另存为"对话框中选择文件夹并输入新的文件名，可将该文档另存为备份，这样就在原文档的基础上产生了一个新文档。

4．保护文档

Word 2016 通过设置文档的安全性来实现文档保护功能。如果用户所编辑的文档需要设置打开限制、格式设置限制或编辑限制，则可以启用"保护文档"功能。

保护文档的操作步骤如下。

1）在需要保护的文档编辑窗口中选择"文件"｜"信息"命令，打开"信息"窗口。

2）单击"保护文档"按钮，选择"用密码进行加密"命令，在打开的"加密文档"对话框中分别设置相应的密码，如图3-4所示。

3）单击"确定"按钮，打开"重新输入密码"对话框，再次输入所设置的密码，单击"确定"按钮即可完成密码设置。

若不希望其他用户查看或修改文档，则可以为文档设置"打开文件时的密码"和"修改文件时的密码"。例如，为文档"myword1.docx"设置打开权限密码AAAAA和修改权限密码BBBBB的操作步骤如下。

1）打开文档"myword1.docx"。

2）选择"文件"｜"另存为"命令，打开"另存为"窗口，单击"浏览"按钮，打开"另存为"对话框，单击"工具"下拉按钮，在弹出的下拉列表中选择"常规选项"命令，打开"常规选项"对话框，在"打开文件时的密码"和"修改文件时的密码"文本框中输入相应的密码，如图3-5所示。

图3-4　"加密文档"对话框

图3-5　"常规选项"对话框

3）单击"确定"按钮后，在打开的对话框中再次确认输入的密码，即可完成密码的设置。

4）保存文件。

当需要再次打开该Word 2016文档时，则需要输入打开文件的密码。

5. 创建基于模板的文档

模板就是文档的式样和模型，也称样式库，是一组样式的集合，利用模板可以生成一个具体的文档。

任何Word 2016文档都是以模板为基础创建的。当用户新建一个空白文档时，实际上打开了一个名为"Normal.dot"的文件。模板的两种基本类型为共用模板和文档模板。共用模板包括Normal模板，所含设置适用于所有文档。文档模板所含设置仅适用于以该模板为基础的文档。例如，如果用"新式时序型简历"模板创建简历，简历能同时使用新式时序简历模板和任何共用模板的设置。Word 2016提供了许多文档模板，用户也可以下载或创建文档模板。

模板的使用步骤如下：

1）选择"文件"｜"新建"命令，打开"新建"窗口，如图 3-6 所示，在其中选择要使用的模板类型。

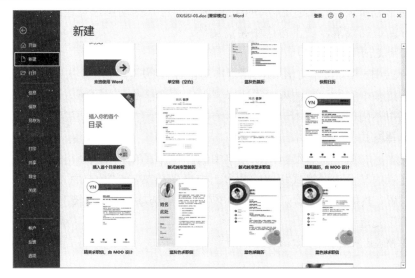

图 3-6 "新建"窗口

2）在"新建"窗口中选择需要的模板，在弹出的界面中单击"创建"按钮即可。

6. 关闭文档

选择"文件"｜"关闭"命令，或单击 Word 2016 窗口右上角的"关闭"按钮，即可关闭文档。

3.3.2 编辑文档

文档的编辑是指对文档内容进行插入、修改、删除等操作。

1. 打开文档

如果打开已有的文档，则可以按照如下步骤进行操作。

1）选择"文件"｜"打开"命令，打开"打开"窗口。

2）在左侧的文件夹窗格中选择要打开文档所在的位置，在文件和文件夹列表中选择要打开的文件，单击"打开"按钮，即可打开文档。

2. 选定文本

要编辑文档的内容，首先要选定欲编辑的文本内容，被选定的文本呈反白显示。

（1）选定文本的一般方法

按住鼠标左键将鼠标指针从要选定文本的起始位置拖动到要选定文本的结束位置，鼠标指针经过的文本区域就会被选定；将鼠标指针移动到文档某段落中快速单击三次，即可选定该段落；将鼠标指针移动到需要选定的字符前，按住 Alt 键，单击并拖动鼠标，即可选定鼠标指针经过的矩形区域。

（2）使用选定栏选择文档

文档窗口中文字左侧的空白区域称为选定栏，将鼠标指针移到该栏内，指针将变为向右指向的空心箭头。在选定栏中单击可选定一行，拖动可选定连续多行，双击可选中鼠标指针所在的段落，三击可选中整篇文档。

（3）使用 Ctrl 键选择文档

在 Word 2016 中，按下 Ctrl 键的同时拖动鼠标，用户就可以像在"文件资源管理器"中选择非连续多个文件、文件夹那样选择文本中不连续的多个区域，这样就可以很方便地选中文档中不同位置的文本。

（4）选择格式相似的文本

选中文本，右击，在弹出的快捷菜单中选择"样式"｜"选择格式相似的文本"选项。需要注意的是，选择格式相似的文本，应事先在 Word 2016 的"Word 选项"对话框中进行设置，具体操作步骤是先选择"文件"｜"选项"｜"高级"命令，再选中"保持格式跟踪"复选框。

可以在 Word 2016 中搜索该文本附近相同格式的文本，这给格式编辑带来了极大的方便。

如果要取消选定的文本，只需在文档中任意位置单击即可。

3. 复制与移动文本

可使用剪贴板对文档内容进行复制、移动操作。**Office** 剪贴板是系统专门开辟的一块区域，可以在应用程序间交换数据。剪贴板不仅可以存放文字，还可以存放表格、图形等对象。

复制文本是指将选定的文本内容复制到指定区域，原文本保持不变；移动文本是指将选定的文本内容移动到指定位置，完成移动后原文本将被删除。

选定要复制或移动的文本内容，单击"开始"｜"剪贴板"｜"复制"按钮 🗐 或"剪切"按钮 ✂，将鼠标指针移动到目标位置，单击工具栏上的"粘贴"按钮 📋，即可实现文本的复制。连续执行粘贴操作，可将一段文本复制到文档的多个位置。

用鼠标拖动也可以移动或复制文本。选定要移动或复制的文本内容，此时鼠标指针变为一个箭头形状，按住鼠标左键拖动选定内容到目标位置即可完成移动操作。如果在拖动时按住 Ctrl 键，则会执行复制操作。

4. 撤销与重复

如果在编辑过程中出现错误操作，则可单击快速访问工具栏中的"撤消键入"按钮 🔄（或按 Ctrl+Z 组合键）即可恢复至错误操作前的状态；"恢复键入"按钮 🔄 用来重新执行被撤销的命令。

5. 查找与替换

文本的查找与替换是 Word 2016 中常用的操作。以下案例将具体介绍该功能。将

图 3-7 所示文字中的所有"用户"格式设置为"加粗 倾斜",字体设置为四号字,效果如图 3-7 所示。

管理员管理 **用户** 分为以下几种操作:查看全部 **用户** 、封号、解封↵

功能 描述:管理员在登录后可以查看全部 **用户** ,然后根据实际情况对于 **用户** 的账号进行封禁或者是对于已封禁的账号进行解封操作。↵

图 3-7 替换示例

操作步骤如下。

1)将插入点移至文字的起始位置,单击"开始"|"编辑"|"替换"按钮。

2)在如图 3-8 所示的"查找和替换"对话框中的"查找内容"文本框内输入"用户",在"替换为"文本框中输入"用户",单击"更多"按钮,再单击"格式"按钮,在打开的下拉列表中选择"字体"选项,在打开的"字体"对话框中将"字号"设置为四号字,字形设置为"加粗 倾斜",单击"确定"按钮,关闭"字体"对话框。

3)单击"全部替换"按钮,关闭"查找和替换"对话框。

图 3-8 "查找和替换"对话框

6. 拼写及语法检查

文档内容编辑、排版完成后,可以使用 Word 2016 的审阅功能对文档进行拼写语法检查,从而减少文档在编辑过程中可能出现的语法和拼写错误。在输入文档的过程中,如果在某些词语下面出现红色或绿色的波浪线,则表示启用自动拼写和语法检查过程中标记了错误。

例如,图 3-9 所示的一段文字,其中有波浪线,按照拼写与语法检查建议进行更改,若确认无误,则可去掉波浪线。

操作步骤如下。

1)单击"审阅"|"校对"|"拼写和语法"按钮。

2）打开"拼写检查"对话框，如图 3-10 所示，单击"忽略"按钮，可将标记错误的波浪线去掉。

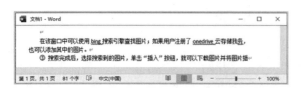

图 3-9　拼写与语法检查示例　　　　　　　　　　图 3-10　"拼写检查"对话框

Word 2016 还提供了对英语拼写的自动检查功能，并利用 Word 2016 的自动更正功能将某些单词更正为正确的形式。如果在文档中存在不符合拼写规则的英文单词，Word 2016 会自动在其下方显示一条波浪线，以提醒用户注意。右击该波浪线，一般会给出建议修改的单词，如果选择"自动更正选项"选项，如图 3-11 所示，将打开如图 3-12 所示的"自动更正:英语（美国）"对话框。

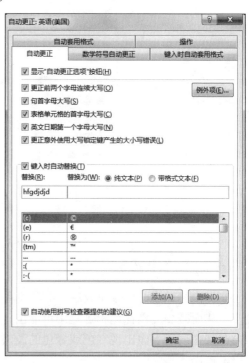

图 3-11　单词自动更正快捷菜单　　　　　　　　图 3-12　"自动更正:英语（美国）"对话框

也可以选择"文件"｜"选项"｜"校对"命令，在"Word 选项"对话框中可以设定自动更正的一些内容。例如，"忽略全部大写的单词""忽略 Internet 和文件地址"等选项。如果单击对话框中的"自动更正选项"按钮，则可以打开"自动更正"对话框。

3.4 文档的排版

为了使文档更加美观、清晰，便于阅读，可对版面进行设置及格式化。

3.4.1 字符和段落

1. 字符格式化

字符格式化包括文档中的字体、字号、加粗、倾斜、大小写格式、上标、下标、字符间距及字体颜色等格式设置操作。

2. 段落格式化

段落是 Word 2016 进行文档排版的基本单位，每个段落结尾都有一个段落标记。段落格式化包括对段落缩进、段落对齐和段落间距的设置。

3. 字符格式化和段落格式化示例

将图 3-13 中的文字按如下要求进行格式化设置，效果如图 3-13 所示。

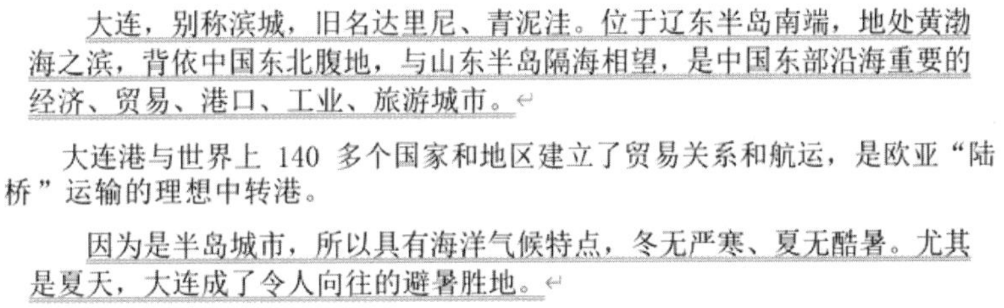

> 大连，别称滨城，旧名达里尼、青泥洼。位于辽东半岛南端，地处黄渤海之滨，背依中国东北腹地，与山东半岛隔海相望，是中国东部沿海重要的经济、贸易、港口、工业、旅游城市。↵
>
> 大连港与世界上 140 多个国家和地区建立了贸易关系和航运，是欧亚"陆桥"运输的理想中转港。
>
> 因为是半岛城市，所以具有海洋气候特点，冬无严寒、夏无酷暑。尤其是夏天，大连成了令人向往的避暑胜地。↵

图 3-13 字符格式化和段落格式化文字及效果图

设置要求如下。

1）全文正文字体、字号设置为宋体、小四号，第一段文字加红色波浪形的双下划线。

2）第一自然段落左、右各缩进 1 个字符，首行缩进 2 个字符，行距为单倍行距，段前、段后都是 0.5 行。第二自然段设置行距为固定值 14 磅，首行缩进 2 个字符。第三自然段的格式与第一自然段格式相同。

操作步骤如下。

1）选择全部文字，单击"开始"｜"字体"选项组右下角的对话框启动器按钮，打开如图 3-14 所示的"字体"对话框。

2）在该对话框中设置中文字体为"宋体"，字号为"小四"，完成后单击"确定"按钮。

3）选中第一段文字，打开"字体"对话框，选择下划线线型为双波浪线，下划线颜色为"红色"，单击"确定"按钮。

4）将光标定位在第一自然段内，单击"开始"｜"段落"选项组右下角的对话框启动器按钮，打开如图 3-15 所示的"段落"对话框，单击"特殊格式"的下拉按钮，在打开的下拉列表中选择"首行缩进"选项，缩进值为"2 字符"，缩进左侧、右侧各为"2 字符"，段前、段后设置为 0.5 行，行距设置为"单倍行距"。

5）将光标定位在第二自然段内，单击"开始"｜"段落"选项组右下角的对话框启动器按钮，打开"段落"对话框，设置为首行缩进 2 字符，行距设置为"固定值"，设置值为"14 磅"。

6）选中第一自然段，单击"开始"｜"剪贴板"｜"格式刷"按钮。当鼠标指针变成小刷子图标时，拖动小刷子选中第三自然段，这样第三自然段落的格式与第一自然段落的格式便相同了。

图 3-14　"字体"对话框

图 3-15　"段落"对话框

3.4.2　文档的修饰

1. 设置边框和底纹

为文字添加边框和底纹是对文档内容添加修饰，可以使文档的内容更加醒目，实现段落的特殊效果。可以通过单击"开始"｜"段落"｜"边框"下拉按钮，在打开的下拉列表中选择"边框和底纹"命令，打开"边框和底纹"对话框；也可以单击"设计"｜"页面背景"｜"页面边框"按钮，在打开的"边框和底纹"对话框中进行设置。

达到如图 3-16 所示的边框效果的操作步骤如下。

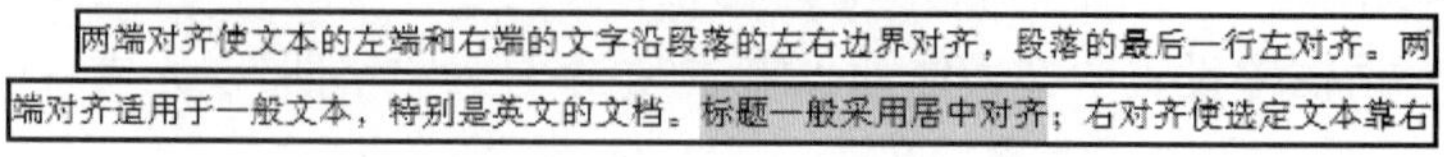

两端对齐使文本的左端和右端的文字沿段落的左右边界对齐，段落的最后一行左对齐。两端对齐适用于一般文本，特别是英文的文档。标题一般采用居中对齐；右对齐使选定文本靠右

图 3-16　边框和底纹的设置效果

1）选中要设置边框的文本。

2）单击"设计"｜"页面背景"｜"页面边框"按钮，在打开的"边框和底纹"

对话框中选择"边框"选项卡，在"设置"栏中选择边框样式为"阴影"，样式为单线线型，设置"宽度"为"1.5 磅"，默认的边框设置应用于选中的文字，如图 3-17 所示。

3）切换到"底纹"选项卡，与上述操作类似，设置底纹的填充颜色。

4）单击"确定"按钮即可完成设置。

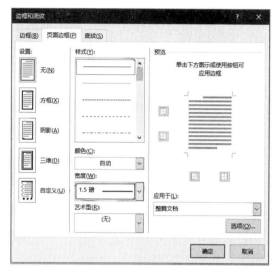

图 3-17　"边框和底纹"对话框

2. 项目符号和编号

在 Word 2016 中，对于一些需要分类阐述或按顺序阐述的项目，可以添加项目符号和编号，使文档层次更加清晰。

添加项目符号和编号的操作步骤如下。

1）打开 Word 2016 文档，选中需要添加项目符号和编号的段落。

2）单击"开始"｜"段落"｜"编号"或"项目符号"按钮，完成设置。

3. 分栏排版

分栏就是将文档分成几列排版，常用于论文、报纸和杂志的排版中。可以对整个文档进行分栏操作，也可只对某个段落进行分栏操作。实现如图 3-18 所示的分栏效果的操作步骤如下。

图 3-18　分栏效果

1）选定要分栏的段落，单击"布局"｜"页面设置"｜"栏"下拉按钮，在弹出的下拉列表中选择"更多栏"命令，打开"栏"对话框，如图 3-19 所示。

2）在对话框中设置分栏参数后，单击"确定"按钮即可完成设置操作。

需要注意的是，若要使栏宽不相等，则应取消选中"栏宽相等"复选框，然后在"宽度和间距"组指定各栏的宽度和间距。在选取分栏的段落时，不要选择段落后的段落标记，否则分栏可能得不到预期效果。若要取消分栏，则选择已分栏的段落，单击"布局"｜"页面设置"｜"栏"按钮，在弹出的下拉列表中选择"一栏"即可。

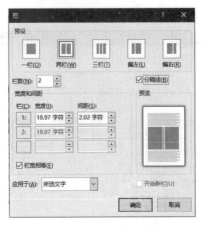

图 3-19　"栏"对话框

4. 页眉、页脚和页码

页眉和页脚通常用于打印文档。页眉和页脚中可以包括页码、日期、公司徽标、文档标题、文件名或作者名等文字或图形，这些信息通常打印在文档中每页的顶部或底部。在文档中可自始至终用同一个页眉或页脚，也可在文档的不同部分用不同的页眉和页脚。例如，可以在首页上使用与众不同的页眉和页脚或者不使用页眉和页脚，还可以在奇数页和偶数页上使用不同的页眉和页脚，而且文档不同部分的页眉和页脚也可以不同。

（1）从库中添加页眉或页脚

单击"插入"｜"页眉和页脚"选项组中的"页眉"或"页脚"下拉按钮，在弹出的下拉列表中选择要添加到文档中的页眉或页脚的类型。若要返回至文档正文，单击"页眉和页脚工具-设计"｜"关闭页眉和页脚"按钮。

（2）添加自定义页眉或页脚

双击页眉区域（靠近页面顶部）或页脚区域（靠近页面的底部），打开"页眉和页脚工具-设计"选项卡。若要将信息放置到中间，则单击"页眉和页脚工具-设计"｜"位置"｜"插入对齐制表位"按钮，在弹出的"对齐制表位"对话框中，选中"居中"单选按钮，再单击"确定"按钮。如图 3-20 所示，也可以设置左对齐或右对齐。

（3）在文档的不同部分添加不同的页眉、页脚或页码

可以只向文档的某一部分添加页码，也可以在文档的不同部分使用不同的编号格式。在文档的不同部分添加不同的页眉、页脚或页码，需要在不同部分间创建分隔符。例如，希望目录和简介采用 i, ii, iii

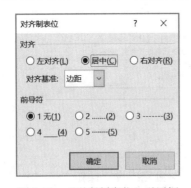

图 3-20　"对齐制表位"对话框

编号，对文档的其余部分采用 1，2，3 编号，而不会对索引采用任何页码。在不同部分中添加不同的页眉、页脚或页码的操作步骤如下。

1）将光标置于其中开始设置，停止设置，更改页眉、页脚或页码编号的页面开头，按 Home 键可确保光标位于页面的开头，单击"布局"|"页面设置"|"分隔符"下拉按钮，在弹出的下拉列表中选择"分节符"栏中的"下一页"选项。

2）双击页眉区域或页脚区域，选择"页眉和页脚工具-设计"选项卡，如图 3-21 所示，在单击"导航"|"链接到前一节"按钮，以禁用它，按照添加页码或添加包含页码的页眉和页脚中的操作方法完成该节信息的添加。

图 3-21　"页眉和页脚工具-设计"选项卡

3.4.3　图文混排

在文档中插入一些图形，实现图文混排，可以增加文档的可读性。

1．插入图形

在文档中可以插入各种图形，如 Word 2016 剪贴画库中的剪贴画、绘图工具栏中的自选图形、各种类型的图形文件及艺术字等。

插入图形的操作方法是：先将插入点移至要插入图片的位置，然后在"插入"选项卡"插图"选项组中选择对应的选项。

（1）插入图形文件

操作步骤如下。

1）单击"插入"|"插图"|"图片"按钮，打开"插入图片"对话框。

2）在该对话框中选择图片文件所在的驱动器及文件夹，并选择文件名称，实现图片文件的插入。

插入的图片可以是通过扫描仪或数码相机获取的图片，如.bmp、.jpg、.png、.gif 等 Word 2016 可接受的图片类型文件。

（2）插入艺术字

1）单击"插入"|"文本"|"艺术字"下拉按钮，弹出各种艺术字样式下拉列表。

2）选择一种艺术字样式，并在"请在此放置您的文字"文本框中输入文字内容，即可在文档中插入艺术字。

（3）插入自选图形

绘制由各种形状组成的流程图，样例如图 3-22 所示。

绘制自选图形，需要使用"绘图工具-格式"选项卡中的各种形状图形，包括基本形状、箭头、流程图等，操作步骤如下。

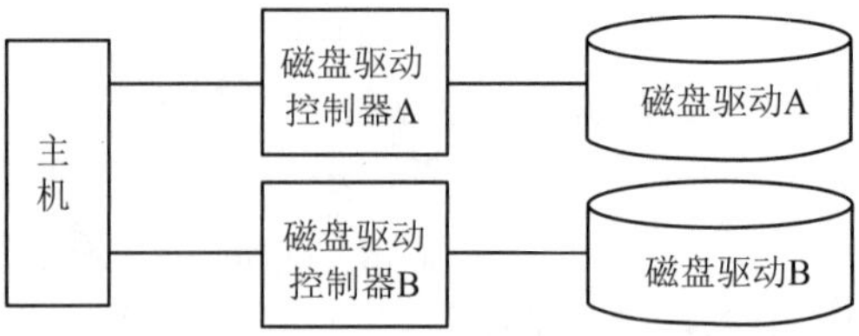

图 3-22　插入自选图形效果

1）单击"插入"｜"插图"｜"形状"下拉按钮，在打开的下拉列表中选择一种形状，如选择矩形，绘制一个矩形图形。

2）单击绘制的图形，打开"绘图工具-格式"选项卡，在"形状样式"选项组中单击"形状填充""形状轮廓""形状效果"等按钮设置形状的格式，如图 3-23 所示。

图 3-23　"绘图工具-格式"选项卡

如果后面的绘图需要使用设定图形的效果，则可以右击该图形，在弹出的快捷菜单中选择"设置为默认形状"选项。

如果需要向图形中添加文字，则可以右击该图形，在弹出的快捷菜单中选择"添加文字"选项。

3）单击"绘图工具-格式"｜"插入形状"｜"矩形"按钮，用鼠标拖动的方式在文档中画出矩形，并调整其大小和位置；再单击其中的"直线"按钮，用鼠标拖动的方式在文档中画出直线，并调整其长度和位置；然后单击其中的"流程图：磁盘"按钮，用鼠标拖动的方式在文档中画出图形，并调整其大小和位置。

4）右击画出的图形，在弹出的快捷菜单中选择"添加文字"选项，向自选图形中添加内容。

5）如果需要设置图形的格式，则右击该图形，在弹出的快捷菜单中选择"设置形状格式"选项，在弹出的"设置形状格式"窗口中可以设置图形的各项参数。

6）依次画出全部的图形，再调整位置，就可以得到如图 3-22 所示的效果。

2. 编辑图片

图片的许多操作需要使用图片工具，选中需要编辑的图片就会显示"图片工具-格式"选项卡，如图 3-24 所示，单击其中的功能按钮，可以完成图片的编辑工作。

图 3-24　"图片工具-格式"选项卡

对于插入文档中的图片，可以进行放大或缩小、移动或复制、剪裁与删除等编辑操作。

要对图片进行操作，首先选中图片，其四周将显示 8 个小圆圈（这些小圆圈也叫控点），表示图片已被选中。

1）如果要放大或缩小图片，则先选中图片，再将鼠标指针移到四周的小圆圈上，当鼠标指针变为双向箭头↖时拖动，即可放大或缩小图形。

2）如果移动图片，则先将鼠标指针移动到图片上，再按住鼠标左键拖动，即可实现移动操作。如果拖动的同时按住 Ctrl 键，则可执行复制操作。

3）如果要将图片移动或复制到其他文件或页面中，则先选中图片，再单击"开始"｜"剪贴板"选项组中的"剪切"、"复制"或"粘贴"按钮，即可移动或复制图片到其他位置。

4）如果剪裁图片，则先选中图片，再单击"图片工具-格式"｜"大小"｜"裁剪"按钮，出现剪裁光标后，移动鼠标指针到图片四周的控点上，向图形的中心拖动即可剪裁图片。

5）如果删除图片，则可选中图片后按 Delete 键，或单击"开始"｜"剪贴板"｜"剪切"按钮，即可将图片删除。

3. 设置图片的环绕方式

插入文档中的图片与文字存在位置关系与叠放次序的问题，可以为插入文档中的图片设置环绕的方式和与文字的层次关系。操作步骤如下。

1）选中图片后，单击"图片工具-格式"｜"排列"｜"位置"下拉按钮，在弹出的下拉列表中选择"其他布局选项"命令，打开"布局"对话框，如图 3-25 所示。

图 3-25　"布局"对话框

2）该对话框包括 3 个选项卡，在“文字环绕”选项卡中可以进行环绕方式的设置。
图 3-26 所示为不同图片环绕方式的效果。

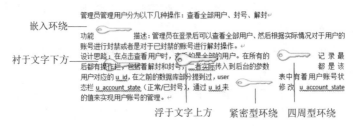

图 3-26　不同图片环绕方式的效果

4. 设置图片背景移除

Word 2016 内置了强大的图片处理功能——背景移除。使用该功能的具体操作步骤如下。

1）插入图片，如图 3-27 所示。

2）单击选定图片，单击“图片工具-格式”|“调整”|“删除背景”按钮，再单击图片，Word 2016 会自动识别背景区域，“背景消除”选项卡也会显示出来，如图 3-28 所示。选项卡具有 3 个标记按钮，可用于进行“标记要保留的区域”、“标记要删除的区域”或“删除标记”操作，根据需要可对保留区域和删除区域进行调整。

3）单击“保留更改”按钮即可完成删除背景操作，效果图如图 3-29 所示。

图 3-27　示例图片　　　　图 3-28　“背景消除”选项卡　　　　图 3-29　效果图

3.5　表格

表格操作是文字处理软件中一项重要的内容，Word 2016 可以用于创建样式美观的表格。Word 2016 中表格的处理主要通过“插入”选项卡来完成。

3.5.1　创建表格

创建表格主要有以下两种方法。

1. 利用菜单创建

如果要创建表格，单击“插入”|“表格”|“表格”下拉按钮，在弹出的下拉列表中选择“插入表格”命令，打开“插入表格”对话框，在“表格尺寸”栏的“列数”

和"行数"文本框中输入表格的列数和行数，单击"确定"按钮后完成表格创建。

2. 用绘表工具创建

对于不规则的表格，可以使用绘表工具创建。单击"插入"｜"表格"｜"表格"下拉按钮，在弹出的下拉列表中选择"绘制表格"命令，鼠标指针变成笔状，用户可以绘制任意形式的表格。

表格绘制完成后，功能区的"表格工具-设计"和"表格工具-布局"两个选项卡提供了制作、编辑和格式化表格中的常用命令，如图 3-30 所示，使制表工作变得更加轻松自如。

图 3-30 "表格工具-设计"和"表格工具-布局"选项卡

3.5.2 编辑表格

对表格操作前要先选定表格中的行、列或者单元格。单元格是表格中行和列交叉所形成的框。单击"表格工具-布局"｜"表"｜"选择"下拉按钮，在弹出的下拉列表中可以选择整个表格、行、列或单元格，也可以用鼠标拖动选择。

在"表格工具"面板中，常见的插入和删除操作如下。

1）单击"表格工具-布局"｜"行和列"中的按钮，可以在表格中插入整行、整列或单元格。如果选中若干行或列，那么，选中的行或列的数目是将要插入的行数或列数。

2）如果要在表尾快速地增加行，移动鼠标指针到表尾的最后一个单元格中，按 Tab 键或移动鼠标指针到表尾最后一个单元格外，按 Enter 键，均可增加新的行。

3）如果要删除表格，可以选定要删除的表格、行、列或单元格，单击"表格工具-布局"｜"行和列"｜"删除"下拉按钮，在弹出的下拉列表中选择需要删除表格的命令，然后在弹出的"删除单元格"对话框中选择适合的选项，可删除指定的表格、行、列或单元格。

3.5.3 合并或拆分单元格

1. 合并单元格

合并单元格是将多个单元格合成一个单元格，通过选项卡命令和快捷菜单中的选项都能实现该操作。下面以选项卡命令为例进行介绍。

选中要合并的单元格，单击"表格工具-布局"｜"合并"｜"合并单元格"按钮，即可将选中的相邻的两个或多个单元格合并为一个单元格，然后输入需要的文本即可。

2. 拆分单元格

拆分单元格与合并单元格相反，是将一个单元格分成几个单元格，其具体的操作步骤如下。

选中要拆分的单元格，单击"表格工具-布局"｜"合并"｜"拆分单元格"按钮，如图 3-31 所示，在打开的"拆分单元格"对话框中输入要拆分的行数和列数，如图 3-32 所示，即可将选定单元格拆分成多个单元格。

图 3-31 "拆分单元格"按钮 　　　　　　图 3-32 "拆分单元格"对话框

3.5.4 绘制斜线表头

若要为表格添加斜线，则选中表格内的任一单元格，单击"表格工具-设计"｜"边框"｜"边框"下拉按钮，在打开的下拉列表中选择"斜下框线"选项，如图 3-33 所示。如果要绘制更复杂的斜线表头，可以使用形状绘制。

实现了合并单元格、拆分单元格和插入斜线表头的效果图如图 3-34 所示。在为表格绘制斜线表头时，应使绘制斜线表头的单元格有足够的行宽和列高，否则将无法看到表头的全部内容。

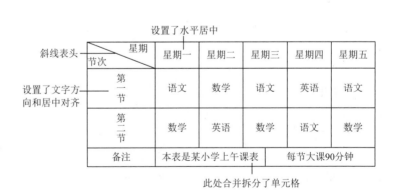

图 3-33 边框下拉菜单 　　　　　　　　　图 3-34 表格效果图

3.5.5　移动表格或调整表格的大小

若将鼠标指针移动到表格内，则在表格左上角出现表格移动控制点，此时可拖动控制点到文档中的任意处。若将表格拖动到文字中，则文字会环绕表格。

若将鼠标指针移动到表格内，则在表格右下角出现尺寸控制点。将鼠标指针移动到控制点上，当鼠标指针变为双向箭头时，即可拖动控制点改变表格大小。

单击表格移动控制点选中表格后，用"复制"和"粘贴"命令可以复制表格到其他位置。

3.5.6　表格的格式化

表格的格式化是指对表格中字体、字号、对齐方式及边框和底纹进行相应的设置，以达到美化表格，使表格内容更加清晰的目的。

1. 表格文本的格式化

表格中文字的字体、字号可以通过"开始"选项卡中的命令来设置，文字对齐方式的设置可通过单击"表格工具-布局"｜"对齐方式"选项组中的功能按钮来完成。

2. 调整表格的行高和列宽

调整表格的行高和列宽，可以通过鼠标拖动来完成（也可以使用选项卡中的命令）。选中要调整的行或列，右击，在弹出的快捷菜单中选择"表格属性"选项，在打开的"表格属性"对话框中的"行"或"列"选项卡中分别填写"指定高度"或"指定宽度"的数值，即可精确地调整行高和列宽。

如果需要表格具有相同的行高或列宽，则选中要平均分布的行与列，右击任意单元格后，在弹出的下拉列表中选择"平均分布各行"或"平均分布各列"选项，也可以通过"表格工具-布局"｜"单元格大小"选项组中的命令来实现。

如果要设置表格的边框和底纹，则选中要设置边框的表格，单击"表格工具-设计"｜"边框"｜"边框"下拉按钮，在弹出的下拉列表中选择"边框和底纹"命令，在打开的"边框和底纹"对话框中的"边框"或"底纹"选项卡中进行设置。

3.5.7　表格的排序

在表格中可以按照升序或降序对表格的内容进行排序（为使排序有意义，进行排序的表格一般应为比较规范的表格）。例如，将图 3-35 所示的表格按"产品名称"升序排序，"产品名称"相同的按"数量"降序排列，如果还相同，再按"单价"升序排序，操作步骤如下。

1）将插入点定位在"产品名称"列。

2）单击"表格工具-布局"｜"数据"｜"排序"按钮，打开"排序"对话框，如图 3-36 所示。

产品名称	数量	单价
电视机	1000	1800
电视机	500	3500
微波炉	150	400
洗衣机	200	1500
洗衣机	200	3800
洗衣机	100	4200

图 3-35　待排序表格　　　　　　　　　图 3-36　"排序"对话框

3）在"主要关键字"下拉列表中选择"产品名称"选项，并选中"升序"单选按钮，在"次要关键字"下拉列表中选择"数量"选项，并选中"降序"单选按钮。在"第三关键字"下拉列表中选择"单价"选项，并选中"升序"单选按钮，单击"确定"按钮。

在 Word 2016 中，最多可以指定按 3 个关键字排序。如果要取消排序，则可以按 Ctrl+Z 组合键取消排序操作。

3.6　Word 2016 的其他应用

3.6.1　Word 2016 拼音指南

中文 Word 2016 提供了为汉字添加拼音的功能，该功能为用户提供了方便。达到如图 3-37 所示的为汉字添加拼音效果的操作步骤如下。

qìngzhùjiàndǎng yī bǎizhōunián
庆祝建党一百周年

图 3-37　为汉字添加拼音示例

1）在 Word 2016 文档中输入"庆祝建党一百周年"文字。

2）单击"开始"|"字体"|"拼音指南"按钮，打开"拼音指南"对话框，如图 3-38 所示。在该对话框中适当调整"偏移量"和"字号"。

3）单击"确定"按钮，即可完成拼音的添加。

为了得到较好的添加拼音效果，可以在文字中间加入空格或加大字间距，并将文字设置为四号字。同时，可适当加大拼音的偏移量和字号。

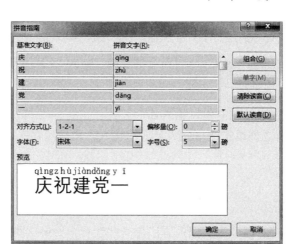

图 3-38 "拼音指南"对话框

3.6.2 公式编辑器

中文 Word 2016 的公式编辑器为编辑各种数学公式提供了强大的支持，可按照下述操作步骤输入如下公式：

$$\Phi(x)=\frac{1}{2}\int_0^x e^{-t}dt$$

首先，新建 Word 文档，单击"插入"|"文本"|"对象"下拉按钮，在弹出的下拉列表中选择"对象"命令，打开如图 3-39 所示的"对象"对话框，选择"Microsoft 公式 3.0"选项，单击"确定"按钮，进入公式编辑状态，系统自动打开如图 3-40 所示的"公式"工具栏，利用该工具栏完成公式编辑操作，具体步骤如下。

图 3-39 "对象"对话框

图 3-40 "公式"工具栏

1）插入希腊字母 Φ：单击"公式"工具栏上的希腊字母（大写）按钮 $\boxed{\Delta\Omega\otimes}$，在弹出的菜单中选择字母" Φ "，再利用键盘输入" $(x)=$ "。

2）插入分式 $\frac{1}{2}$：单击"分式和根式模板"按钮 $\boxed{}$，选择分式符号 $\boxed{}$，在分子、分母位置分别输入"1""2"。

3）插入积分符号 $\int_0^x$：将插入点定位到整个分式的右侧，单击"积分模板"按钮 $\boxed{}$，选择积分符号$\int$，在$\int$符号的上、下方分别输入"x"和"0"。

4）插入上标e^{-t}：将插入点定位到$\int$符号的右侧，输入"e"，单击"上标和下标模板"按钮，选择，输入上标"$-t$"。

5）将插入点定位到e^{-t}的右侧，输入 dt。

6）在公式编辑区之外单击即可完成公式的输入。最后保存文档。

3.6.3 文档注释

1. 插入脚注和尾注

在一些文档中，有时需要为文档内容添加一些注释，如果这些注释出现在当前页面的底部，则称为脚注；如果这些注释出现在文档末尾，则称为尾注。图 3-41 所示为给文档添加脚注后的效果，操作步骤如下（为文档添加尾注的操作与此类似）。

1）选中需要添加脚注的文本，这里选中的是标题"电子邮件服务"。

2）单击"引用"｜"脚注"选项组右下角的对话框启动器按钮，打开"脚注和尾注"对话框，如图 3-42 所示。

3）选中"脚注"单选按钮，在格式设置区设置"编号格式""起始编号"等选项，单击"插入"按钮。

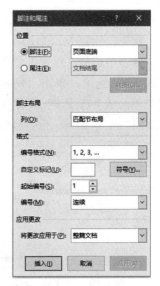

6.3.2 电子邮件服务¹

电子邮件（E-mail）是一种利用计算机网络交换电子信件的通信手段，它是 Internet 上广受欢迎的一项服务。它可以将电子邮件发送到收信人的邮箱中，收信人可以随时读取邮件。

¹ 每个电子邮箱都有一个 E-mail 地址，格式为：用户名@邮箱所在主机的域名

图 3-41　给文档添加脚注后的效果　　　　图 3-42　"脚注和尾注"对话框

4）在出现的脚注编辑区输入脚注内容。如果要删除脚注文本，只需删除文档中的脚注编号即可。

2. 批注和修订

有时在修改其他人的电子文档时，需要在文档中添加自己的修改意见，但又不能影响原有文档的内容和格式，这时就可以插入批注。插入批注的操作步骤如下。

1）选中需要添加批注的文本。

2）单击"审阅"｜"批注"｜"新建批注"按钮，在打开的"批注"文本框中输入批注信息。

3）如果要删除批注，则右击批注文本框，在弹出的快捷菜单中选择"删除批注"选项。

在文档中添加批注的效果如图 3-43 所示。

图 3-43　在文档中添加批注

3.6.4　样式和目录

1. 使用样式

样式是字体、字号和缩进等格式设置的组合。在 Word 2016 中通过创建和应用样式可以提高文档排版的效率。Word 2016 中的样式分为内置样式和自定义样式，内置样式显示在"开始"选项卡"样式"选项组中。用户创建自定义样式后，也会显示在该下拉列表中。Word 2016 提供的内置样式，如标题 1、标题 2、正文等也是自动生成目录的基础。

下面是创建新样式 heading3 的操作步骤，该样式的创建基于内置样式"标题 3"。

1）单击"开始"｜"样式"选项组右下角的对话框启动器按钮，打开"样式"任务窗格，如图 3-44 所示。

2）单击"新建样式"按钮，打开"根据格式化创建新样式"对话框，如图 3-45 所示。在该对话框中输入自定义的样式名称 heading3，并按照要求设置样式基于"标题 3"，这样，heading3 就继承了默认的内置样式"标题 3"的格式。

图 3-44　"样式"任务窗格　　　　图 3-45　"根据格式化创建新样式"对话框

3）在"根据格式化创建新样式"对话框中单击"格式"下拉按钮，在弹出的下拉列中设置 heading3 样式的字体、段落和边框等格式，这些格式设置也可以利用工具栏实现。

4）设置格式完成后，单击"确定"按钮返回到文档窗口，创建的样式将出现在"样式"对话框中。

当样式创建完成后，即可将该样式应用到文档的不同位置。选择要应用该样式的文本，在样式下拉列表框中选择样式的名称并单击，选中的文字则应用了该样式。

如果要修改样式，则可以在"样式"任务窗格中选择样式后右击，在弹出的快捷菜单中选择"修改"选项，然后在"修改样式"对话框中完成对样式的修改工作。

2. 自动生成目录

在 Word 2016 中，如果合理地使用了内置的标题样式或创建了基于内置标题的样式，则可以方便地自动生成目录，其操作步骤如下。

1）创建基于内置标题的样式，如果使用内置的样式，则可以忽略本步骤。

2）在文档的各标题处，按标题级别应用不同级别的标题样式，如图 3-46 所示。

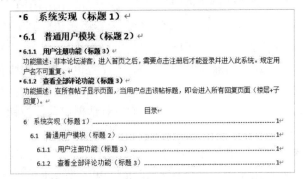

图 3-46　目录示例

3）单击要插入目录的位置，单击"引用"｜"目录"｜"目录"下拉按钮，在打开的下拉列表中选择"自定义目录"命令，打开"目录"对话框，如图 3-47 所示。

图 3-47　"目录"对话框

4）选中"目录"选项卡中的"显示页码"和"页码右对齐"复选框，单击"确定"按钮，即可在指定位置插入目录。

对于已经生成的目录可以进行下列操作。

1）在目录中，如果按住 Ctrl 键并单击，则插入点会定位到正文的相应位置。

2）如果正文的内容有修改，需要更新目录，则右击目录，在弹出的快捷菜单中选择"更新域"选项，然后根据提示进行更新。

3.7 页面设置和打印输出

文档在经过编辑、排版后，还需要进行页面设置、打印预览才能打印输出。

3.7.1 页面设置

在打印 Word 2016 文档之前需要进行页面设置，如设置纸张大小、页边距、字符数及行数、纸张来源等。在文档编辑过程中，使用的是 Word 2016 默认的页面设置，可以根据需要重新设置或随时修改设置。如果不使用 Word 2016 的默认设置，则应当在文档排版之前进行页面设置，这样可以避免由于页面重新设置而导致排版版式的变化。

单击"布局"|"页面设置"选项组右下角的对话框启动器按钮，打开"页面设置"对话框，如图 3-48 所示，可以在该对话框中进行如下设置。

图 3-48 "页面设置"对话框

1）在"页边距"选项卡中可设置页边距、纸张方向（纵向或横向）、页码范围，以及页面设置的应用范围（整篇文档或文档的当前节）。

2）在"纸张"选项卡中可设置纸张大小，如 A4、A5、A6 等。

3）在"布局"选项卡中可设置页眉及页脚的编排形式、页眉和页脚与边界之间的距离等。

4）在"文档网格"选项卡中可以设置文字排列方向、每页的行数与字符数、字体设置等。

3.7.2 制作页面背景

Word 2016 的文字背景或水印的设置与以前的版本有很大区别。在编辑状态下，单击"设计"｜"页面背景"｜"水印"下拉按钮，在弹出的下拉列表中选择"自定义水印"命令，打开"水印"对话框，如图 3-49 所示。此时就可以方便地将图片、徽标或自定义格式的文本设置为文档的打印背景。

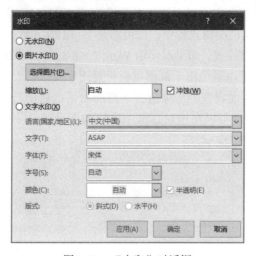

图 3-49 "水印"对话框

3.7.3 预览和打印输出

利用 Word 2016 的打印预览功能，可以在正式打印之前看到文档的打印效果。如果对打印效果不满意，还可以对文档进行修改。

与页面视图相比，打印预览可以更真实地表现文档外观。在打开的"打印"窗口右侧预览区域可以查看 Word 2016 文档打印预览效果，用户所做的纸张方向、页面边距等设置都可以通过预览区域查看效果，并且用户还可以通过调整预览区下面的滑块改变预览视图的大小。

在打印之前，必须将打印机准备就绪，并在文档编辑状态下，选择"文件"｜"打印"命令，打开"打印"窗口，设置相关参数后，在"打印机"下拉列表中选择要使用的打印机名称，一般使用默认打印机。在"设置"栏中选择打印范围。

3.8　上机范例

3.8.1　上机范例 1

编辑"E:\word"文件夹中的"myword1.docx"文件，按照如下要求对"myword1.docx"文件进行排版，效果如图 3-50 所示，格式化后的文档另存为"myword2.docx"。

图 3-50　图文排版后的效果

1）全文正文字体、字号设置为宋体、小四号，第一段文字加蓝色波浪形的双下划线。操作步骤如下。

① 双击桌面上的"此电脑"图标，打开"此电脑"窗口，在导航窗格中单击 E 盘 "Word"文件夹，在内容显示窗格中找到"myword1.docx"文件，双击该文件，在 Word 2016 中将其打开。

② 按 Ctrl+A 组合键选中整个文档，单击"开始"｜"字体"选项组中的相关按钮，设置正文的字体为"宋体"，字号为"小四"。

③ 选中第一段，单击"开始"｜"字体"选项组右下角的对话框启动器按钮，打开"字体"对话框，如图 3-51 所示，在对话框中选择下划线的线型为双波浪线，下划线的颜色为"蓝色"。

2）全文所有段落左、右各缩进一个字符，首行缩进 2 字符，行距为固定值 20 磅，段前、段后间距都是 0.5 行，段落底纹为浅蓝色。操作步骤如下。

① 按 Ctrl+A 组合键选中整个文档，单击"开始"｜"段落"选项组右下角的对话框启动器按钮，打开"段落"对话框，在"缩进和间距"选项卡中设置"左侧""右侧"各缩进"1 字符"；在"特殊"下拉列表中选择"首行"选项，"缩进值"为"2 字符"；"段前""段后"间距分别为"0.5 行"；在"行距"下拉列表中选择"固定值"，"设置值"

为"20 磅"，如图 3-52 所示。

图 3-51 "字体"对话框

图 3-52 "缩进和间距"选项卡

② 将光标定位在第一个段落内，单击"开始"｜"段落"｜"边框"下拉按钮，在弹出的下拉列表中选择"边框和底纹"选项，打开"边框和底纹"对话框。在该对话框中选择"底纹"选项卡，"填充"色选浅蓝色，"应用于"选择"段落"，如图 3-53 所示。

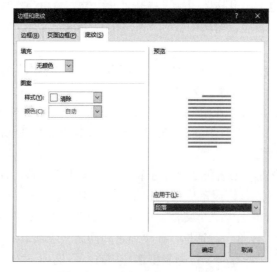

图 3-53 "边框和底纹"对话框

3）添加艺术字标题"人生最美是淡然"，样式为填充：蓝色；主题色 1：阴影，并更改形状为"腰鼓"。操作步骤如下。

① 将光标移到文章的标题处，单击"插入"｜"文本"｜"艺术字"按钮。

② 选择艺术字样式 9，输入文字为"人生最美是淡然"，然后选中艺术字，单击"格式"｜"艺术字样式"｜"文本效果"｜"转换"按钮，选择形状为"腰鼓"。

③ 单击"绘图工具-格式"｜"排列"｜"位置"下拉按钮，在弹出的下拉列表中选择"其他布局选项"命令，打开"布局"对话框，选择"四周型"选项，如图 3-54 所示。

④ 单击"确定"按钮。

图 3-54　"布局"对话框

4）插入"tu.jpg"文件，设置文字环绕方式为"紧密型"。操作步骤如下。

① 单击"插入"｜"图片"按钮，在"插入图片"对话框中找到 E 盘"word"文件夹下的"tu.jpg"文件，然后单击"插入"按钮。

② 选中图片，单击"图片工具-格式"｜"排列"｜"位置"下拉按钮，在弹出的下拉列表中选择"其他布局选项"命令，打开"布局"对话框，选择"文字环绕"选项卡，"环绕方式"选择"紧密型"，单击"确定"按钮。

5）插入文本框，文本框样式为"渐变向右"；文字环绕方式为"四周型"，设置填充方式为"淡蓝色填充"；线条颜色为深蓝色，并设置"虚线、长划线-点、1.5 磅"。操作步骤如下。

① 单击"插入"｜"文本"｜"文本框"下拉按钮，在弹出的下拉列表中选择"绘制竖排文本框"命令，拖动光标绘制一个文本框，然后输入文字"人生最美是淡然"。

② 选中文本框，单击"绘图工具-格式"｜"形状样式"｜"形状填充"下拉按钮，在弹出的下拉列表中选择"渐变"｜"线性向右"命令。

③ 单击"绘图工具-格式"｜"形状样式"｜"形状轮廓"下拉按钮，在弹出的下拉列表中选择深蓝色，"粗细"为"1.5 磅"，"虚线"为"长划线-点"。

④ 单击"绘图工具-格式"｜"排列"｜"位置"下拉按钮，在弹出的下拉列表中选择"其他布局选项"命令，在如图 3-54 所示的对话框中选择"文字环绕"选项卡，"环绕方式"选择"四周型"，单击"确定"按钮。

6）最后一个自然段设置分栏，每栏 18 个字符，栏间距 3 个字符，栏宽相等，中间加分隔线。操作步骤如下。

① 选中最后一个段落，单击"布局"｜"页面设置"｜"栏"｜"更多栏"按钮，选择两栏，选中"分隔线"复选框，在"宽度"文本框中输入"18 字符"。

图 3-55 "首字下沉"对话框

② 单击"确定"按钮。

7）设置第 4 自然段首字下沉 2 行。操作步骤如下。

① 将光标定位到第 4 自然段中。

② 单击"插入"｜"文本"｜"首字下沉"下拉按钮，在弹出的下拉列表中选择"首字下沉选项"命令，打开"首字下沉"对话框，设置"位置"为"下沉"，"下沉行数"为"2"，单击"确定"按钮，如图 3-55 所示。

③ 选择"文件"｜"另存为"命令，选择"这台电脑"选项，在对话框中找到 E 盘"word"文件夹，将文件命名为"myword2.docx"，单击"保存"按钮。

3.8.2 上机范例 2

在 Word 2016 中建立如图 3-56 所示的表格，并利用 Word 2016 的表格计算功能分别求出每个人的平均分（小数点后保留一位小数）、总分及每科的最高分，最后将文档命名为"myword3.docx"，保存到"E:\word"文件夹下。

学生成绩表

科目\姓名	高等数学	英语	物理	C 语言	德育	平均分	总分
何　明	90	91	88	64	72		
徐博昌	80	86	75	69	76		
白　鸽	90	73	56	76	65		
李艳红	78	69	67	74	84		
各科最高分							
备注							

图 3-56　表格样例

操作步骤如下。

① 启动 Word 2016，在 Word 2016 编辑窗口，单击"插入"｜"表格"｜"插入表格"按钮，打开"插入表格"对话框。设置"列数"为"8"，"行数"为"7"，如图 3-57 所示。单击"确定"按钮，完成建立表格操作。

② 将光标移动到第 1 个单元格中，适当调整单元格的宽度和高度，单击"表格工具-设计"｜"边框"｜"边框"下拉按钮，在弹出的下拉列表中选择"斜下框线"命令。

③ 将光标移动到最后一行，选中 2～8 单元格，右击，在弹出的快捷菜单中选择"合并单元格"选项，再右击，在弹出的快捷菜单中选择"拆分单元格"选项，在打开的对话框中输入"列数"为"2"，单击"确定"按钮。

④ 输入表格中的内容，并为表格增加标题行，输入"学生成绩表"。选中文字"学生成绩表"，单击"开始"｜"字体"选项组右下角的对话框按钮，打开"字体"对话框，如图 3-51 所示，在对话框中选择"中文字体"为"黑体"，"字形"为"加粗"，"字

号"为"小三号",选择"下划线线型"为双下划线。

⑤ 将光标移到表格的第 1 行并选中,单击"表格工具-设计"|"表格样式"|"底纹"下拉按钮,选择主题颜色为淡蓝色。

⑥ 将插入点置于第 1 个要计算平均分的单元格中,单击"表格工具-布局"|"数据"|"公式"按钮,打开"公式"对话框,如图 3-58 所示。在"公式"对话框中将插入点定位于"公式"文本框的"="后面,在"粘贴函数"下拉列表中选择"AVERAGE"选项,删去公式后面的空括号及 SUM 函数,保留原来的(LEFT),在"编号格式"框中输入"0.0",以保证平均分为 1 位小数。单击"确定"按钮完成平均分的计算。类似地,可以计算其他行的平均分。计算各科最高分,选择 MAX 函数,公式为"=MAX(ABOVE)",操作过程与前述类似。

⑦ 最后单击快速访问工具栏的保存按钮 ，将文档保存到指定的 E 盘"word"文件夹下,并命名为"myword3.docx"。

图 3-57　"插入表格"对话框

图 3-58　"公式"对话框

3.9　上机实践

3.9.1　上机实践 1

赵娟是某公司的前台文秘,她的主要工作是管理各种档案,为总经理起草各种文件。公司定于下周五下午 2:00 在中关村海龙大厦办公大楼五层多功能厅举办一场联谊会,重要客人名录保存在名为"关键客户通讯录"的 Word 2016 文档中,公司联系电话为010-66668888。

根据上述内容制作请柬,具体要求如下。

1)制作一份请柬,以"董事长:徐博洋"的名义发出邀请,请柬中需要包含标题、收件人名称、联谊会时间、联谊会地点和邀请人。

2)对请柬进行适当的排版,具体要求:改变字体、加大字号,且标题部分("请柬")与正文部分(以"尊敬的×××"开头)采用不相同的字体和字号;加大行间距和段间距；对必要的段落改变对齐方式，适当设置左右及首行缩进，以美观且符合中国人阅读习惯为准。

3）在请柬的左下角位置插入一幅图片（图片自选），调整其大小及位置，不影响文字排列、不遮挡文字内容。

4）进行页面设置，加大文档的上边距；为文档添加页眉，要求页眉内容包含公司的联系电话。

5）运用邮件合并功能制作内容相同、收件人不同（收件人为"关键客户通讯录.docx"中的每个人，采用导入方式）的多份请柬，要求先将合并的主 Word 文档以"请柬 1"为文件名进行保存，再进行效果预览后生成可以单独编辑的单个 Word 文档"请柬 2"。

操作提示："关键客户通讯录"文档内容如下。

姓名	职务	单位
孙强	董事长	海华公司
张凡	总经理	海尔集团
李赫	财务总监	远洋公司

3.9.2 上机实践 2

按照要求完成下列操作，并以文件名"Word.docx"保存文件，文档内容如下。

2002—2018 年辽宁省大连市城镇人均收入

消费情况数据分析研究

居民收入向来是社会关注的热点话题，而消费是宏观经济活动中必不可少的一个重要环节，影响此个体收入的因素有很多。

大连市统计局网站显示，比如：一、该地区的经济发展水平；二、工资占该地区 GDP 的比重分配；三、消费者物价水平，消费者物价指数（CPI）。收入是消费的前提，收入水平的高低决定着消费能力的高低，并且收入是消费的来源与基础，是影响消费的最重要因素。

大连市统计局网站显示，关于"城镇人均年收入与消费支出"的十七年的各项数据，试图探究消费水平 Y 与收入 X 是否具有线性相关性？若具有线性相关性，则是否具有显著的线性相关性。

大连市统计局网站显示，大连市城镇 500 户居民的人均可支配收入 X 与人均消费总支出 Y 在大体上随着年份的增加而逐渐增大，并且当人均可支配收入 X 增长到缓慢的邻域附近，会使得人均消费总支出 Y 呈现下降/增长缓慢的趋势，并且从折线图的总体走势来看，Y 与 X 具有正相关性。

附：统计数据

年份	支出（单位：元）
2002	6511

2003	7117
2004	7859
2005	8671
2006	9996
2007	10533
2008	12134
2009	14101

对上述内容进行排版，具体要求如下。

1）设置上、下、左、右的页边距都为 2.7cm，装订线在左侧；设置文字水印页面背景，文字为"辽宁大连市统计局"，水印版式为斜式。

2）设置第 1 段文字"2002—2018 年辽宁省大连市城镇人均收入"为标题；设置第 2 段文字"消费情况数据分析研究"为副标题；改变段间距和行间距（间距单位为行）；在页面顶端插入"边线型提要栏"文本框，将第 3 段文字移入文本框内，设置字体、字号、颜色等；在该文本的最前面插入类别为"文档信息"、名称为"新闻提要"。

3）设置第 4～6 段文字，要求首行缩进两个字符。将第 4～6 段的段首"大连市统计局网站显示"设置为斜体、加粗、红色、双下划线。

4）将文档"附：统计数据"后面的内容转换成 2 列 9 行的表格，为表格设置样式；将表格的数据转换成簇状柱形图，插入文档中"附：统计数据"的前面，保存文档。

操作提示：参考样式如图 3-59 所示。

图 3-59　参考样式

第4章 电子表格处理软件 Excel 2016

Excel 2016 是 Office 2016 组件中的电子表格软件，集电子表格、图表、数据库管理于一体，支持文本和图形编辑，具有功能丰富、用户界面良好等特点。利用 Excel 2016 提供的函数计算功能，用户可以很容易完成数据计算、排序、分类汇总及制作报表等工作。

4.1 建立和编辑文档

选择"开始"|"Excel 2016"命令，可以启动 Excel 2016 应用程序，打开 Excel 2016 窗口。

Excel 2016 窗口的界面风格与 Word 2016 相似，如图 4-1 所示。

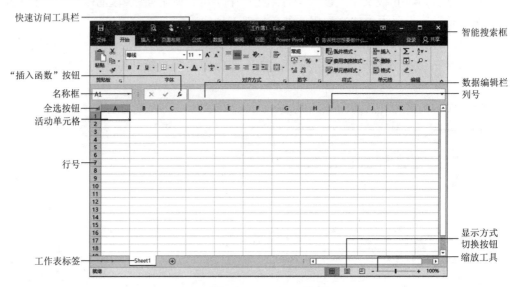

图 4-1　Excel 2016 窗口

4.1.1 建立文档

Excel 2016 启动后会自动建立一个新文档。Excel 2016 文档也称为工作簿，是用来存储并处理数据的一个或多个工作表的集合。新建的文档默认名称为"工作簿 1"，Excel 2016 文档以.xlsx 为文件扩展名。

1．管理工作簿

（1）工作簿

一个 Excel 2016 文档即一个工作簿，其中包含若干个工作表。新建的工作簿通常包含一个工作表（Sheet1），单击工作表右侧的 ⊕ 符号可以添加工作表。可按如下步骤改变默认工作表数。

1）选择"文件"｜"选项"命令打开"Excel 选项"对话框。

2）在对话框的"常规"选项卡下可以看到"包含的工作表数"默认值为 1，进行更改即可。

如果工作簿中包含多个工作表，单击工作表标签，可在不同工作表之间进行切换；双击工作表标签可进行重命名；右击工作表标签可进行工作表的插入、删除和重命名等操作。

（2）工作表

Excel 2016 中的所有操作都是在工作表中进行的。工作表左侧区域的灰色编号为各行的行号，工作表上方的灰色字母区域为各列的列号。每张工作表都由列和行交叉区域所构成的单元格组成。在 Excel 2016 中，每张工作表最多可以有 1048576 行、16384 列，工作表的名称用 Sheet1、Sheet2 等标识。

（3）单元格

输入 Excel 的所有数据都显示在单元格中，这些数据可以是字符串、数字、公式、图形等类型。

每个单元格都有其固定的地址，也称单元格名称，如 A3 代表 A 列、第 3 行的单元格。同样，一个地址也唯一表示一个单元格。当前正在使用的单元格称为活动单元格，输入的数据会被保存在该单元格中。

（4）编辑栏

编辑栏主要用来输入、编辑单元格或图表中的数据，也可以显示活动单元格中的数据或公式。编辑栏由名称框、插入函数按钮和数据编辑栏 3 部分组成。名称框用于显示当前活动单元格的地址或单元格区域名，插入函数按钮用来在公式中使用函数，数据编辑栏显示活动单元格中的数据或公式。

2．保存工作簿

需要保存工作簿到指定的磁盘中时，可按如下步骤进行操作。

1）选择"文件"｜"保存"命令或单击快速访问工具栏中的"保存"按钮，打开如图 4-2 所示的"另存为"对话框。

2）在左侧的导航窗格中选择文件的保存位置，在"文件名"文本框中输入新文件名称，单击"保存"按钮，完成文档保存操作。

与 Word 2016 相似，Excel 2016 也提供了"自动保存"功能来防止在发生断电或死机等意外情况时丢失文档内容。可通过选择"文件"｜"选项"命令，打开"Excel 选项"对话框，在"保存"选项卡中指定自动保存时间间隔，系统默认为 10 分钟。

选择"文件"｜"另存为"命令，在打开的"另存为"对话框中选择文件夹并输入新的文件名称，即可将该文档另存为备份，这样就在原文档的基础上产生了一个新文档。

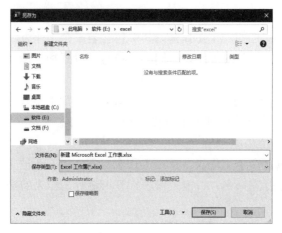

图 4-2　"另存为"对话框

3．关闭文档

选择"文件"｜"关闭"命令，或单击该 Excel 2016 窗口右上角的"关闭"按钮，或按 Alt+F4 组合键即可关闭文档。

4.1.2　输入数据

Excel 2016 工作表可以存储不同类型的数据，如数字、文本、日期时间、公式等。用 Excel 2016 来组织、计算和分析数据，必须先将原始数据输入工作表中。

1．选定单元格或单元格区域

Excel 2016 操作的对象可以是一个单元格，也可以是一个单元格区域。选定单元格或单元格区域的操作如表 4-1 所示。

表 4-1　选定单元格或单元格区域的操作

选定对象	执行操作
相邻的单元格区域	选定该区域的第 1 个单元格，拖动鼠标至最后一个单元格
不相邻的单元格区域	选定第 1 个单元格区域，按 Ctrl 键选择其他单元格区域
整行	单击行号
整列	单击列号
相邻的行或列	沿行号或列号拖动鼠标
不相邻的行或列	先选定第 1 行或第 1 列，然后按住 Ctrl 键再选定其他行或列
工作表中所有单元格	单击"全选"按钮

若选定一个单元格，则它会被粗框线包围；若选定单元格区域，则这个区域会以高亮方式显示。选定的单元格被称为活动单元格，也就是当前正在使用的单元格，它能接收键盘的输入或进行单元格的复制、移动、删除等操作。

在 Excel 2016 中，选定单元格区域后，名称框中显示的是区域左上角单元格的地址，例如，用鼠标拖动，选定 E9:H12 区域，这个区域名称框中显示的便是“E9”。如果在单元格 E9 中输入“myregion”，则编辑栏中便显示“myregion”。此功能可以在公式或函数中应用，例如，函数 SUM(myregion)即为求该区域数值的和。

2. 输入数据

向 Excel 2016 当前单元格中输入数据（数据分为文本、数值和日期时间 3 种类型）时，首先应选定单元格，然后输入数据，最后按 Enter 键确认。

（1）文本数据

文本数据可以是字母、数字、字符（包括大小写字母、数字和符号）的任意组合。Excel 2016 可自动识别文本数据，并将文本数据在单元格中左对齐。

（2）数值数据

数值可以是整数、小数、分数或这些数的科学计数（如 43.09E+13）形式。

当输入的数据超出单元格长度时，数据在单元格中会以####形式出现，此时需要手动调整单元格的列宽，以便能看到完整的数值。对于任何单元格中的数值，无论 Excel 2016 如何显示，单元格都是按照该数值的实际输入值存储的。当一个单元格被选定后，其中的数值就会按照输入时的形式显示在数据编辑栏中。在默认情况下，数值型数据在单元格中右对齐。

（3）日期时间数据

Excel 2016 内置了一些日期时间数据的格式，当输入数据与这些格式相匹配时，Excel 2016 将自动识别它们。

在图 4-3 所示的单元格中输入常见的文本数据、数值数据和日期时间数据，其操作步骤如下。

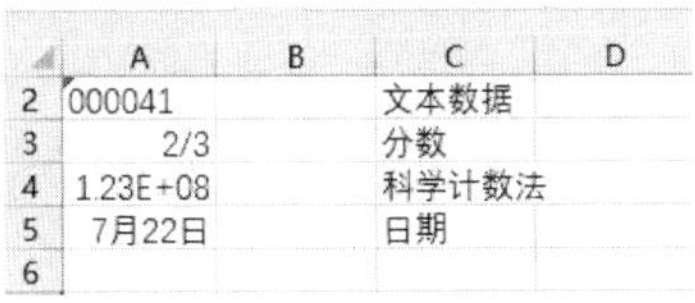

	A	B	C	D
2	000041		文本数据	
3	2/3		分数	
4	1.23E+08		科学计数法	
5	7月22日		日期	
6				

图 4-3　不同类型数据

1）输入编号 000041 时，系统会自动将其转换为数值 41。为了保留文本型数据，可以在输入数字前加上一个英文的单引号，即输入“’000041”，将数值型的数据转换为文本型，即可在单元格中显示 000041。

2）输入分数时，先在单元格中输入数字 0 及空格，再输入分数，即可得到分数显示的效果。

3）输入数字 1234567890，当单元格宽度不足时，会用科学计数法形式显示。

4）输入 7/22，Excel 2016 会自动转换为对应的日期格式，这个格式可以在“单元格格式”命令中设置。

（4）数据的自动填充

Excel 2016 的数据自动填充功能为输入有规律的数据提供了方便。有规律的数据是指等差、等比、系统预定义的数据序列及用户自定义的数据序列等。

在 Excel 2016 中，被选定的单元是活动单元格，活动单元格右下角的黑十字称为填充柄。按住鼠标左键并拖动填充柄就可以进行自动填充操作。

下面举例说明自动填充的操作过程。

1）在单元格 A1、A2 中分别输入"4""6"。

2）选中单元格区域 A1:A2，当鼠标指针指向 A2 单元格右下角的填充柄时，鼠标指针的形状变为细的黑十字，此时拖动鼠标指针至 A5 单元格，如图 4-4 所示。释放鼠标后，A3、A4、A5 单元格中将自动填充"8""10""12"。

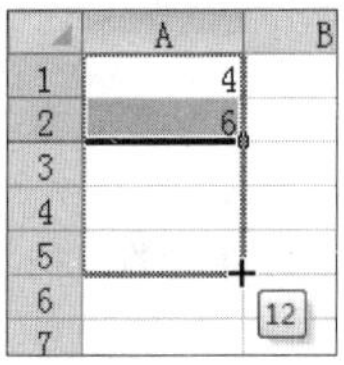

实际上，在上述过程中，Excel 2016 认为输入的数值满足等差数列，因此会出现上面的结果。

除了使用上述方法填充数据外，还可以单击"开始"|"编辑"|"填充"下拉按钮来完成复杂的填充操作。在使用公式计算 Excel 2016 表格中的数据时，将自动填充功能和公式结合起来使用可以很方便地对表格中的数据进行计算。

图 4-4　自动填充

4.2　公式和函数

4.2.1　公式

公式是指一个等式，是一个由数值、单元格引用（名称）、运算符、函数等组成的序列。利用公式可以根据已有的数值计算出一个新值，当公式中相应单元格中的值改变时，由公式生成的值也将随之改变。在 Excel 2016 编辑窗口中，按 Ctrl+`（反引号）组合键可以显示公式或函数。也可单击"公式"|"公式审核"|"显示公式"按钮，显示公式或函数。

在单元格中输入公式要以"="号开始，公式显示在编辑栏中，在包含该公式的单元格中显示公式的计算结果。

Excel 2016 公式中包括的运算符有引用运算符、算术运算符、文本运算符和关系运算符 4 类，如表 4-2 所示。运算符的优先级别从高到低依次为引用运算符、算术运算符、文本运算符、关系运算符。

表 4-2　Excel 2016 公式中的运算符

运算符类型	表示形式及含义	实例
引用运算符	:、!、,	Sheet2!B5 表示工作表 Sheet2 中的 B5 单元格
算术运算符	+、-、*、/、%、^	3^4 表示 3 的 4 次方，结果为 81
文本运算符	&	"North" & "west" 结果为 Northwest
关系运算符	=、>、<、>=、<=、<>	2>=3 结果为 False

下面通过一个例子说明公式的输入过程。在所有选手的最终得分（G4:G8）单元格中计算最终得分的值，最终得分=评委打分×40%+现场观众打分×20%+电视观众打分×40%，

如图 4-5 所示。

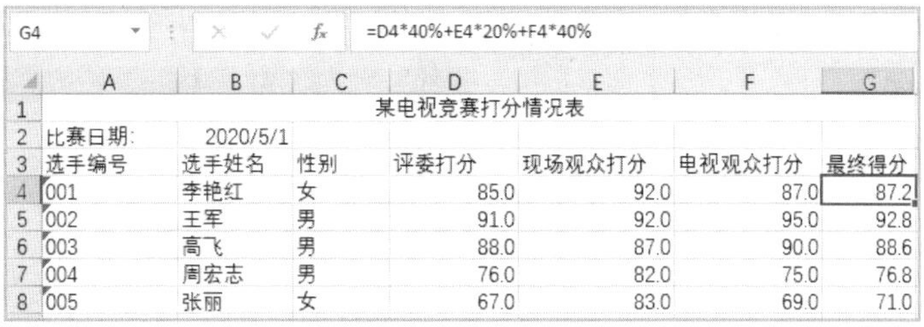
G4 =D4*40%+E4*20%+F4*40%

	A	B	C	D	E	F	G
1	某电视竞赛打分情况表						
2	比赛日期:	2020/5/1					
3	选手编号	选手姓名	性别	评委打分	现场观众打分	电视观众打分	最终得分
4	001	李艳红	女	85.0	92.0	87.0	87.2
5	002	王军	男	91.0	92.0	95.0	92.8
6	003	高飞	男	88.0	87.0	90.0	88.6
7	004	周宏志	男	76.0	82.0	75.0	76.8
8	005	张丽	女	67.0	83.0	69.0	71.0

图 4-5 公式示例

1）选中单元格 G4，然后在数据编辑栏中输入公式“=D4*40%+E4*20%+F4*40%”，按 Enter 键或单击 ✓ 按钮，在单元格 G4 中得到最终得分 87.2。在公式中输入单元格地址时，只要在单元格上单击，其地址将自动输入公式中。

2）按住 G4 单元格右下角的填充柄向下拖动，G5～G8 单元格中自动填充相应的计算结果。

4.2.2 函数

1. 函数的概念

Excel 2016 使用函数实现特定的运算。函数是预先定义好的公式，其语法形式为

```
函数名(参数 1, 参数 2, 参数 3,...)
```

例如，SQRT(B2)、SUM(23,56,28)等都是合法的函数表达式。

函数应包含在单元格的公式中，函数名后面括号中的是函数的参数，括号前后不能有空格。参数可以是数字、文字、逻辑值或单元格的引用，也可以是常量或公式。例如，AVERAGE(B2:B5)是求平均值函数，函数名是 AVERAGE，参数包括 B2:B5 单元格区域，该函数的功能是求 B2～B5 这 4 个单元格的平均值。

2. 函数应用举例

下面举例说明利用函数计算总成绩的过程。

1）启动 Excel 2016 后，输入如图 4-5 所示的原始数据，“总分”一行数值为空，通过函数来计算。

2）选中存放运算结果的单元格 D9，单击“公式”|“函数库”|“插入函数”按钮，或直接单击编辑框中的“插入函数”按钮 fx，打开“插入函数”对话框，如图 4-6 所示。

3）在该对话框中选择函数分类和函数名 SUM 后，单击“确定”按钮即可打开“函数参数”对话框，如图 4-7 所示。

4）在 SUM 函数的“Number1”文本框中输入或选择需要求和的单元格地址，在对话框的下侧显示求和结果。如果单元格选择准确，则单击“确定”按钮；如果不准确，则重新调整单元格区域，直到满足要求为止。

图 4-6　"插入函数"对话框　　　　　图 4-7　"函数参数"对话框

如果通过公式计算上述结果，则应在 D9 单元格中输入公式"=D4+D5+D6+D7+D8"。可以看出，函数的使用简化了公式，在涉及大量数据计算时效果更明显。

3. 常用函数

为了便于进行计算、统计、汇总等数据处理操作，Excel 2016 提供了大量函数。部分常用函数如表 4-3 所示。

表 4-3　部分常用函数

类别	函数名	格式	功能	实例
数学函数	ABS	ABS(num1)	计算 num1 的绝对值	ABS(D4)
	MOD	MOD(num1,num2)	计算num1 和 num2 相除的余数	MOD(20,3)、MOD(C2,3)
数学函数	SQRT	SQRT(num1)	计算平方根	SQRT(45)、SQRT(A1)
	SUM	SUM(num1,num2,…)	计算所有参数的和	SUM(34,2,5,4.2)
	AVERAGE	AVERAGE(num1,num2,…)	计算所有参数的平均值	AVERAGE(D3:D8)
统计函数	MAX	MAX(num1,num2,…)	返回所有参数中的最大值	MAX(D3:D8)
	MIN	MIN(num1,num2,…)	返回所有参数中的最小值	MIN(34,−2,5,4.2)
	COUNT	COUNT(num1, num2,…)	统计参数中数值型数据的个数	COUNT(A1:A10)
	COUNTIF	COUNTIF(num1, num2,…)	统计参数中满足条件的数值型数据的个数	COUNTIF(B1:B8,>80)
	RANK	RANK(num1,list)	返回数字 num1 在列表 list 中的排位序数	RANK(78,C1:C10)
日期与时间函数	TODAY		返回当前日期	TODAY()
	NOW		返回当前日期和时间	NOW()
	YEAR	YEAR(d)	返回日期 d 的年份数	YEAR(NOW())
	MONTH	MONTH(d)	返回日期 d 的月份数	MONTH(NOW())
	DAY	DAY(d)	返回日期 d 的日数	DAY(TODAY())
	DATE	DATE(y,m,d)	返回由 y、m、d 表示的日期	DATE(2010,11,30)

类别	函数名	格式	功能	实例
逻辑函数	IF	IF(logical,num1,num2)	如果测试条件 logical 为真，则返回 num1；否则返回 num2	E3=IF(D3>60,80,0)
文本函数	MID	MID(text,num1,num2)	从 text 中 num1 位置开始截取 num2 个字符	MID(A2,4,2)
	CONCATENATE	CONCATENATE(text1, text2, …)	将多个文本合并成一个文本	CONCATENATE(A1,B2, …)
查找与引用	VLOOKUP	VLOOKUP(value,table, column)	在 table 中搜索 value 值，获取 column 的值	VLOOKUP(D3,表 2,2)

4.2.3　函数的应用

1．日期与时间函数

（1）YEAR

格式：YEAR(serial_num)。

功能：返回以系列数表示的日期中的年份数。返回值为 1900～9999 中的整数。

示例：=YEAR("2020 年 5 月 23 日")，确认后将返回 2020 年 5 月 23 日的年份数——2020。

（2）MONTH

格式：MONTH(serial_num)。

功能：返回以系列数表示的日期中的月份数。返回值为 1～12 中的整数。

示例：=MONTH("2020 年 5 月 23 日")，确认后将返回 2020 年 5 月 23 日的月份数——5。

（3）TODAY

格式：TODAY( )。

功能：返回当前日期的系列数，系列数是 Excel 用于进行日期和时间计算的日期-时间代码。

示例：=TODAY()，确认后将返回当前日期。

（4）DAY

格式：DAY(serial_num)。

功能：返回以系列数表示的日期的日数，返回值为 1～31 中的整数。

示例：=DAY("2020 年 5 月 23 日")，确认后将返回 2020 年 5 月 23 日的日数——23。

说明：如果是给定的日期，则包含在英文双引号中。

（5）NOW

格式：NOW( )。

功能：返回当前日期和时间所对应的系列数。

示例：=NOW()，确认后将返回当前系统日期和时间。

说明：如果系统日期和时间发生了改变，只需按 F9 键即可让其随之改变。

（6）HOUR

格式：HOUR(serial_num)。

功能：返回时间值的小时数，返回值为 0 (12:00 AM)～23 (11:00 PM)中的整数。

示例：=HOUR(" 3:30:30 AM ")，确认后将返回时间值的小时数——3。

（7）MINUTE

格式：MINUTE(serial_num)。

功能：返回时间值中的分钟数，返回值为 0～59 中的整数。

示例：=MINUTE(" 15:30:00 ")，确认后将返回时间值的分钟数——30。

（8）DATE

格式：DATE(year,month,day)。

功能：返回代表特定日期的系列数。

示例：=DATE(2019,13,35)，确认后将返回 2020-2-4。

说明：由于在上述公式中，月份数为 13，比 2019 年的实际月数多了一个月，故顺延至 2020 年 1 月；天数为 35，比 2019 年 1 月的实际天数多了 4 天，故顺延至 2020 年 2 月 4 日。

（9）WEEKDAY

格式：WEEKDAY(serial_num,return_type)。

功能：返回某日期的星期日期数。在默认情况下，返回值为 1（星期一）～7（星期天）的整数。

示例：=WEEKDAY(DATE(2020,3,6),2)，确认后将返回 6（星期六）；

=WEEKDAY(DATE(2020,8,24),2)，确认后将返回 1（星期一）。

说明：return_type 为 2 时，星期一返回 1，星期二返回 2，依此类推。

2. 数学与三角函数

（1）INT

格式：INT(num1)。

功能：将数值向下取整为最接近的整数值。

示例：=INT(18.89)，确认后的返回值为 18。

说明：在取整时，不进行四舍五入；如果输入公式"=INT(–18.89)"，则返回结果为–19。

（2）MOD

格式：MOD(num1,num2)。

功能：计算 num1 和 num2 相除的余数。

示例：= MOD (5, –4)，确认后返回值为–3。

说明：两个整数求余时，其值的符号为除数的符号。如果除数为零，则函数 MOD 返回错误值 #DIV/0!。

（3）SUM

格式：SUM(num1,num2,…)。

功能：计算所有参数的和。

示例：=SUM(A1,B2:C3)，确认后将对单元格 A1 及 B2:C3 单元格区域进行求和。

说明：需要求和的参数个数不得超过 30 个。

（4）SUMIF

格式：SUMIF(range,criteria,sum_range)。

功能：对范围内符合指定条件的值求和。

示例：如图 4-8 所示，在 G4:G8 单元格区域存放着某次比赛选手的最终得分，若要在 H4 单元格中统计男选手的最终得分的总分，通过如图 4-9 所示 SUMIF"函数参数"的选择和输入，在数据编辑栏生成公式"=SUMIF(C4:C8," 男 ",G4:G8)"，式中的 C4:C8 为提供逻辑判断依据的单元格引用，" 男 " 为判断条件，不符合条件的数据区域不参与求和。

图 4-8　竞赛打分情况工作表示例　　　　图 4-9　SUMIF"函数参数"对话框

说明：第 1 个参数"Range"为条件区域，是用于条件判断的单元格区域；第 2 个参数"Criteria"是求和条件，可确定哪些单元格将被相加求和，其形式可以是由数字、逻辑表达式等组成的判定条件；第 3 个参数"Sum_range"为实际求和区域，为需要求和的单元格、区域引用。若省略第 3 个参数，则条件区域就是实际求和区域。

（5）SUMIFS

格式：SUMIFS(sum_range,criteria_range, criteria,…)。

功能：对范围内满足多个条件的值进行求和。

示例：如图 4-10 所示，在单元格 H4 中，统计评委打分在 80～90 分（含 80 分，不含 90 分）的最终得分的总和。通过如图 4-11 所示的单元格数据区域的选择和条件的输入，生成公式"=SUMIFS(G4:G8,D4:D8," >=80 ",D4:D8," <90 ")"。

图 4-10　统计评委打分在 80～90 分的最终得分的总和

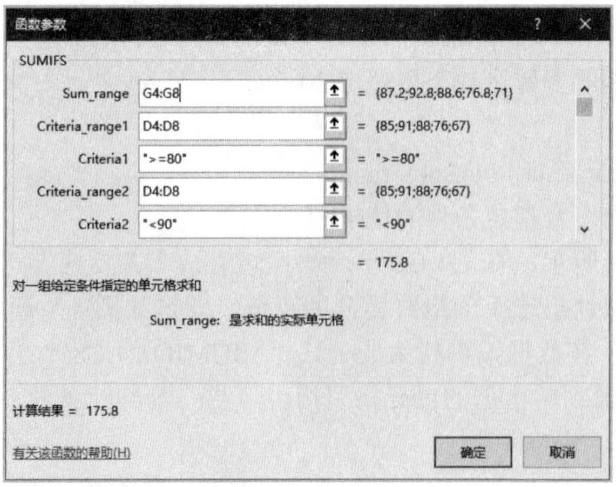

图 4-11 SUMIFS "函数参数" 对话框

说明：如果在 SUMIFS 函数中设置了多个条件，那么只对参数 "Sum_range" 中同时满足所有条件的单元格进行求和。与 SUMIF 函数不同的是，SUMIFS 函数中的求和区域（Sum_range）与条件区域（Criteria_range）必须一致，否则，会产生错误的结果。

3. 统计函数

（1）AVERAGE

格式：AVERAGE(num1,num2,…)。

功能：求出所有参数的算术平均值。

示例：= AVERAGE (A1,B2:C3)，确认后表示对单个单元格 A1 及 B2:C3 区域求平均值。如图 4-12 所示为在 D9 单元格中求评委打分的平均值。

说明：需要求平均数的参数个数不得超过 30 个。

图 4-12 求评委打分的平均值示例

（2）COUNT

格式：COUNT(num1,num2,…)。

功能：统计参数中数值型数据的个数。

示例：图 4-13 所示为统计某电视竞赛打分情况表中选手的总人数，选择 COUNT 函数进行计算，在 "函数参数" 对话框中选择单元格的数据区域为 D4:D8，确定后即统计 D4:D8 单元格区域中包含数字值的单元格个数。

B9			fx	=COUNT(D4:D8)		
	A	B	C	D	E	F	G

	A	B	C	D	E	F	G
1	某电视竞赛打分情况表						
2	比赛日期:	2020/5/1					
3	选手编号	选手姓名	性别	评委打分	现场观众打分	电视观众打分	最终得分
4	001	李艳红	女	85.0	92.0	87.0	87.2
5	002	王军	男	91.0	92.0	95.0	92.8
6	003	高飞	男	88.0	87.0	90.0	88.6
7	004	周宏志	男	76.0	82.0	75.0	76.8
8	005	张丽	女	67.0	83.0	69.0	71.0
9	总人数	5					

图 4-13　求某电视竞赛打分情况表中选手总人数示例

说明：COUNT 函数是对"()"内含数字值参数的个数进行统计，参数可以是单元格、单元格区域、数字、字符等，对于含数字值的参数，只统计其个数，不影响数字值的内容。

（3）COUNTIF

格式：COUNTIF(range,criteria,…)。

功能：统计参数中满足条件的数值型数据的个数。

示例：如图 4-14 所示，求某电视竞赛打分情况表最终得分优秀的人数，在如图 4-15 所示的 COUNTIF "函数参数"对话框中，第 1 个参数"Range"为统计人数条件的范围，单击右侧的 按钮选择 G4:G8 数据区域，第 2 个参数"Criteria"是条件，在右侧文本框中输入">=90"，在数据编辑栏生成公式"=COUNTIF(G4:G8，" >=90 ")"。

说明：允许引用的单元格区域中有空白单元格出现。

B9			fx	=COUNTIF(G4:G8,">=90")		
	A	B	C	D	E	F	G
3	选手编号	选手姓名	性别	评委打分	现场观众打分	电视观众打分	最终得分
4	001	李艳红	女	85.0	92.0	87.0	87.2
5	002	王军	男	91.0	92.0	95.0	92.8
6	003	高飞	男	88.0	87.0	90.0	88.6
7	004	周宏志	男	76.0	82.0	75.0	76.8
8	005	张丽	女	67.0	83.0	69.0	71.0
9	优秀的人数	1					

图 4-14　最终得分优秀的人数示例

图 4-15　COUNTIF "函数参数"对话框

（4）COUNTIFS

格式：COUNTIFS(criteria_range1,criteria1,…)。

功能：统计参数中满足多个条件的数值型数据的个数。

示例：如图 4-16 所示，在 H4 单元格中统计现场观众打 85 分以上和电视观众打 85 分以上选手的人数。利用如图 4-17 所示的 COUNTIFS "函数参数" 对话框，在数据编辑栏生成公式 "=COUNTIFS(E4:E8,">=85",F4:F8,">=85")"。

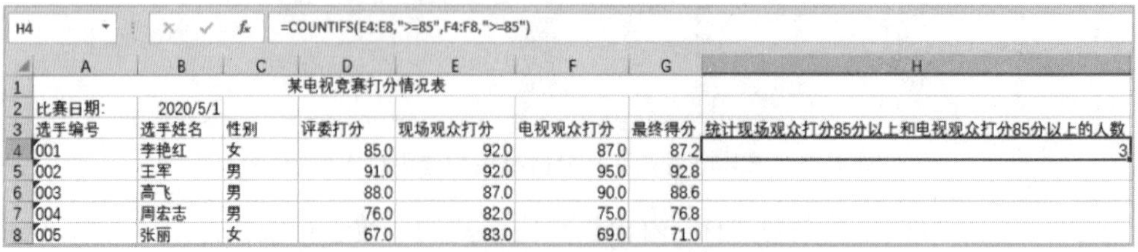

图 4-16　COUNTIFS 函数示例

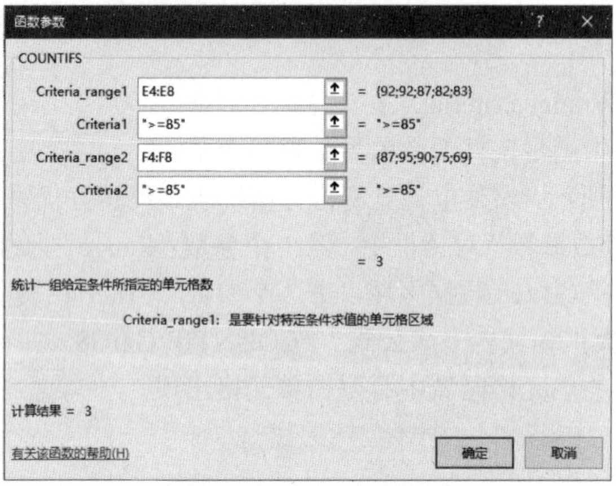

图 4-17　COUNTIFS "函数参数" 对话框

说明：COUNTIFS 函数的参数——条件，其形式可以为数字、表达式或文本。当它是文本和表达式时，注意要使用双引号，且引号应在半角状态下输入。

（5）MAX

格式：MAX(num1,num2,…)。

功能：返回所有参数中的最大值。

示例：如果 A1:A5 包含数字 10、7、9、27 和 2，则 MAX(A1:A5,30) 等于 30。

说明：参数可以是数字或者是包含数字的名称、数组或引用。

（6）MIN

格式：MIN(num1,num2,…)。

功能：返回所有参数中的最小值。

示例：如果 A1:A5 包含数字 10、7、9、27 和 2，则 MIN(A1:A5,30) 等于 2。

说明：参数可以是数字或者是包含数字的名称、数组或引用。

（7）RANK

格式：RANK(num1,list)。

功能：返回数字 num1 在列表 list 中的排位序数。

示例：=RANK(A2,$A$2:$A$24)。其中，A2 是需要确定位次的数据，$A$2:$A$24

表示数据范围。

说明：数据范围应是绝对引用，需要使用$符号。否则，当使用相对引用时，得到的结果可能是错误的。

下面举例说明 RANK 函数如何使用。如图 4-18 所示，单击 H4 单元格，先求出第一个人的排名，单击 *fx*，在全部函数中找到 RANK 函数，打开 RANK“函数参数”对话框，如图 4-19 所示。注意，在选取单元格数据区域（Ref）后一定按下 F4 功能键，变成绝对引用，然后单击 H4 单元格右下角的填充柄向下拖动，在 H5～H8 单元格中自动填充相应的计算结果。

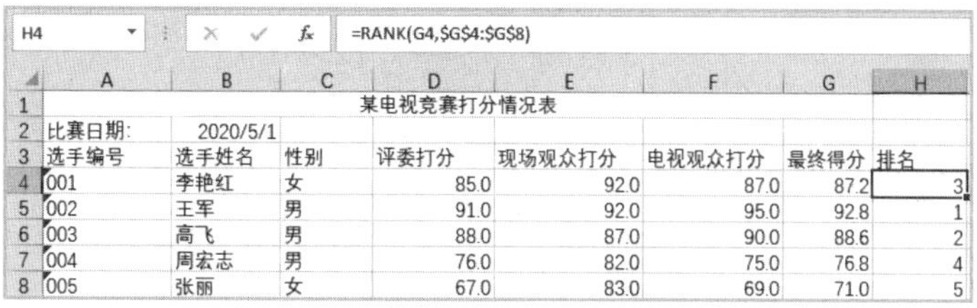
H4　=RANK(G4,$G$4:$G$8)

	A	B	C	D	E	F	G	H
1	某电视竞赛打分情况表							
2	比赛日期:	2020/5/1						
3	选手编号	选手姓名	性别	评委打分	现场观众打分	电视观众打分	最终得分	排名
4	001	李艳红	女	85.0	92.0	87.0	87.2	3
5	002	王军	男	91.0	92.0	95.0	92.8	1
6	003	高飞	男	88.0	87.0	90.0	88.6	2
7	004	周宏志	男	76.0	82.0	75.0	76.8	4
8	005	张丽	女	67.0	83.0	69.0	71.0	5

图 4-18　RANK 函数示例

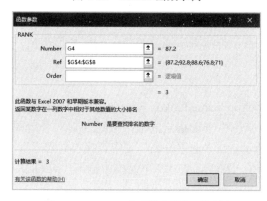

图 4-19　RANK“函数参数”对话框

4. 查找与引用函数

（1）INDEX

格式：INDEX(array,row_num,column_num)。

功能：返回列表或数组中的元素值，此元素由行序号和列序号的索引值确定。

示例：如图 4-20 所示，在 H7 单元格中输入公式“=INDEX(A3:B8,5,2)”，确认后即可显示 A3:B8 单元格区域中第 7 行和第 2 列交叉处单元格（即 B7）中的内容。

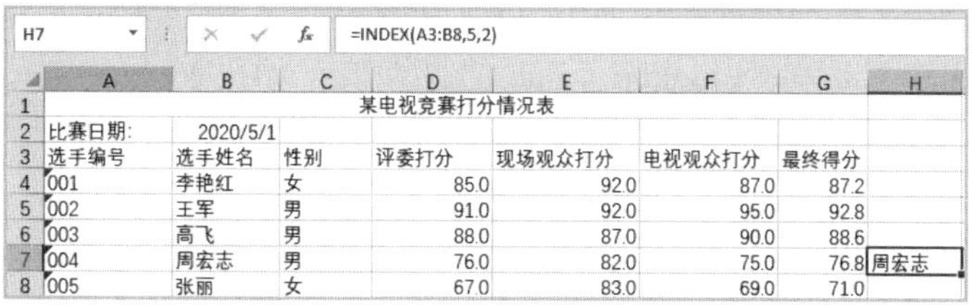
H7　=INDEX(A3:B8,5,2)

	A	B	C	D	E	F	G	H
1	某电视竞赛打分情况表							
2	比赛日期:	2020/5/1						
3	选手编号	选手姓名	性别	评委打分	现场观众打分	电视观众打分	最终得分	
4	001	李艳红	女	85.0	92.0	87.0	87.2	
5	002	王军	男	91.0	92.0	95.0	92.8	
6	003	高飞	男	88.0	87.0	90.0	88.6	
7	004	周宏志	男	76.0	82.0	75.0	76.8	周宏志
8	005	张丽	女	67.0	83.0	69.0	71.0	

图 4-20　INDEX 函数示例

说明：此处的行序号参数（row_num）和列序号参数（column_num）是相对于所引用单元格区域而言的，不是 Excel 2016 工作表中的行或列序号。

（2）MATCH

格式：MATCH(lookup_value,lookup_array,match_type)。

功能：返回在指定方式下与指定数值匹配的数组中元素的相应位置。

示例：如图 4-21 所示，在 H7 单元格中输入公式“=MATCH(B6,B4:B8,0)”，确认后则显示“3”。

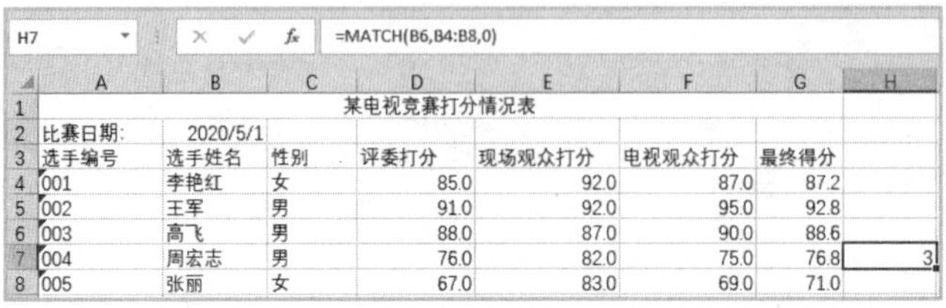

H7　=MATCH(B6,B4:B8,0)

	A	B	C	D	E	F	G	H
1	某电视竞赛打分情况表							
2	比赛日期:	2020/5/1						
3	选手编号	选手姓名	性别	评委打分	现场观众打分	电视观众打分	最终得分	
4	001	李艳红	女	85.0	92.0	87.0	87.2	
5	002	王军	男	91.0	92.0	95.0	92.8	
6	003	高飞	男	88.0	87.0	90.0	88.6	
7	004	周宏志	男	76.0	82.0	75.0	76.8	3
8	005	张丽	女	67.0	83.0	69.0	71.0	

图 4-21　MATCH 函数示例

说明：lookup_array 只能为一列或一行。match_type 表示查询的指定方式，1 表示查找小于或等于指定内容的最大值，而且指定区域必须按升序排列；0 表示查找等于指定内容的第一个数值；-1 表示查找大于或等于指定内容的最小值，而且指定区域必须按降序排列。

（3）LOOKUP

格式：LOOKUP(lookup_value,lookup_vector,result_vector)。

功能：用于在查找范围中查询指定的值，并返回另一个范围中对应位置的值。

示例：如图 4-22 所示，在“选手姓名”列中查找“周宏志”，然后返回姓名为“周宏志”的同一行的 A 列的值（004）。在 H7 单元格中输入“=LOOKUP(B7,B4:B8,A4:A8)”，确认后即显示“004”。

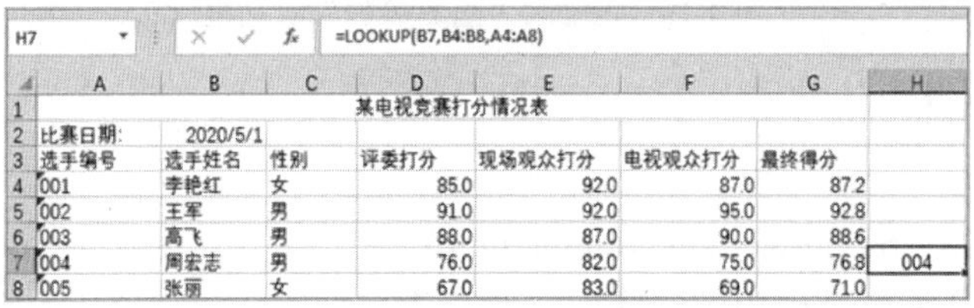

H7　=LOOKUP(B7,B4:B8,A4:A8)

	A	B	C	D	E	F	G	H
1	某电视竞赛打分情况表							
2	比赛日期:	2020/5/1						
3	选手编号	选手姓名	性别	评委打分	现场观众打分	电视观众打分	最终得分	
4	001	李艳红	女	85.0	92.0	87.0	87.2	
5	002	王军	男	91.0	92.0	95.0	92.8	
6	003	高飞	男	88.0	87.0	90.0	88.6	
7	004	周宏志	男	76.0	82.0	75.0	76.8	004
8	005	张丽	女	67.0	83.0	69.0	71.0	

图 4-22　LOOKUP 函数示例

说明：使用 LOOKUP 函数时要求查询条件按照升序排列，所以使用该函数之前需要对表格进行升序排列处理。如果 LOOKUP 函数找不到 lookup_value，则它会匹配 lookup_vector 中小于或等于 lookup_value 的最大值；如果 lookup_value 小于 lookup_vector 中的最小值，则 LOOKUP 函数会返回#N/A 错误值。

（4）VLOOKUP

格式：VLOOKUP(lookup_value,table_array,col_index_num,range_lookup)。

功能：搜索表区域首列满足条件的元素，确定待检索单元格在区域中的行序号，再进一步返回选定单元格的值，在默认情况下，要求表是以升序排列的。

说明：给定的第 2 个参数查找范围要符合以下条件才不会出错。

示例：如图 4-23 所示，要求根据查询表，查找打分情况表中最终得分百分制所对应的等级。单击 H4 单元格，利用如图 4-24 所示的 VLOOKUP“函数参数”对话框在数据编辑栏生成公式“=VLOOKUP(G4,$J$4:$K$8,2)”，单击 H4 单元格右下角的填充柄向下拖动，H5:H8 单元格自动填充相应的计算结果。

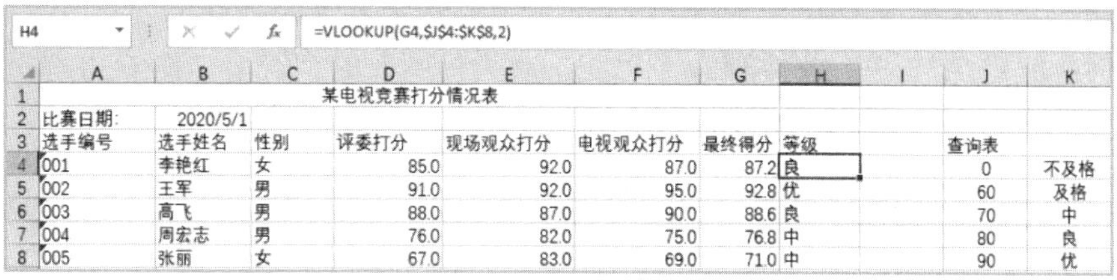

	A	B	C	D	E	F	G	H	I	J	K
1	某电视竞赛打分情况表										
2	比赛日期:	2020/5/1									
3	选手编号	选手姓名	性别	评委打分	现场观众打分	电视观众打分	最终得分	等级		查询表	
4	001	李艳红	女	85.0	92.0	87.0	87.2	良		0	不及格
5	002	王军	男	91.0	92.0	95.0	92.8	优		60	及格
6	003	高飞	男	88.0	87.0	90.0	88.6	良		70	中
7	004	周宏志	男	76.0	82.0	75.0	76.8	中		80	良
8	005	张丽	女	67.0	83.0	69.0	71.0	中		90	优

图 4-23　VLOOKUP 函数示例

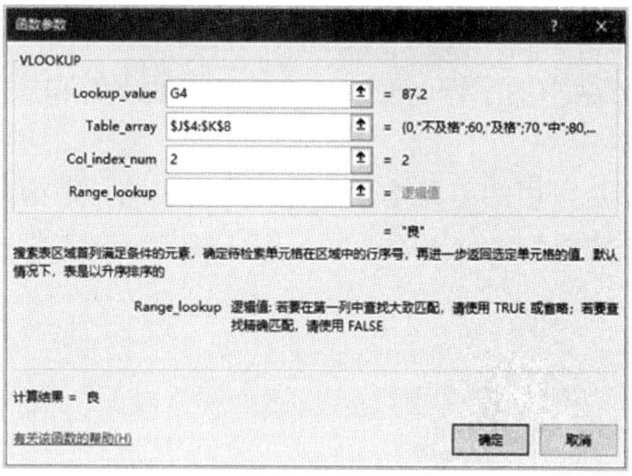

图 4-24　VLOOKUP“函数参数”对话框

说明：查找目标一定要在该区域的第 1 列；该区域中一定要包含返回值所在的列。第 3 个参数是一个整数值，它是返回值在第 2 个参数给定区域中的列数。最后一个参数是决定函数精确和模糊查找的关键，值为 0 或 FALSE 表示精确查找，而值为 1 或 TRUE 则表示模糊查找。注意，在使用 VLOOKUP 函数时不要遗漏最后一个参数，否则默认进行模糊查找，就无法精确地查找到结果了。

5. 文本函数

（1）LEFT

格式：LEFT(text,num_chars)。

功能：从一个文本字符串的第一个字符开始返回指定个数的字符。

示例：假定 A38 单元格中保存了“我喜欢天极网”的字符串，在 C38 单元格中输入公式“=LEFT(A38,3)”，确认后即显示“我喜欢”的字符。

说明：此函数名的英文含义为“左”，即从左边开始截取。

（2）RIGHT

格式：RIGHT(text,num_chars)。

功能：从一个文本字符串的最后一个字符开始返回指定个数的字符。

示例：假定 A38 单元格中保存了“我喜欢天极网”的字符串，在 C38 单元格中输入公式“= RIGHT (A38,3)”，确认后即显示“天极网”的字符。

说明：此函数名的英文含义为“右”，即从右边开始截取。

（3）MID

格式：MID(text,start_num,num_chars)。

功能：从文本字符串中指定的起始位置起返回指定长度的字符。

示例：假定 A38 单元格中保存了“我喜欢天极网”的字符串，在 C38 单元格中输入公式“=MID (A38,3,2)”，确认后即显示“欢天”的字符。

说明：空格也是一个字符。

（4）CONCATENATE

格式：CONCATENATE(text1,text2,…)。

功能：将多个字符文本或单元格中的数据连接在一起，显示在一个单元格中。

示例：在 C14 单元格中输入公式“=CONCATENATE(A14, " @ " ,B14, " .com ")”，确认后即可将 A14 单元格中的字符、@、B14 单元格中的字符和.com 连接成为一个整体，并显示在 C14 单元格中。

说明：如果参数不是引用的单元格，且为文本格式的，则给参数加上半角状态下的双引号，如果将上述公式改为“=A14& " @ " &B14& " .com " ”，也能达到相同的目的。

6. 逻辑函数

（1）IF

格式：IF(logical,num1,num2)。

功能：如果测试条件 logical 为真，则返回 num1；否则，返回 num2。

示例：在 C1 单元格中输入公式“=IF(B1>=18, " 符合要求 " , " 不符合要求 ")”，如果 B1 单元格中的数值大于或等于 18，则 C1 单元格会显示“符合要求”字样；反之，则显示“不符合要求”字样。

说明：本文中类似“在 C1 单元格中输入公式”中指定的单元格，在使用时并不需要受其约束，此处只是为本文所附实例的需要而给出的相应单元格。如图 4-25 所示，最终得分大于等于 85 分的选手晋级为“是”，否则为“否”，利用如图 4-26 所示的 IF“函数参数”对话框，先求出 H4 单元格中的值，单击 H4 单元格右下角的填充柄向下拖动，H5:H8 单元格自动填充相应的计算结果。

H4　=IF(G4>=85,"是","否")

	A	B	C	D	E	F	G	H
1	某电视竞赛打分情况表							
2	比赛日期:	2020/5/1						
3	选手编号	选手姓名	性别	评委打分	现场观众打分	电视观众打分	最终得分	晋级
4	001	李艳红	女	85.0	92.0	87.0	87.2	是
5	002	王军	男	91.0	92.0	95.0	92.8	是
6	003	高飞	男	88.0	87.0	90.0	88.6	是
7	004	周宏志	男	76.0	82.0	75.0	76.8	否
8	005	张丽	女	67.0	83.0	69.0	71.0	否

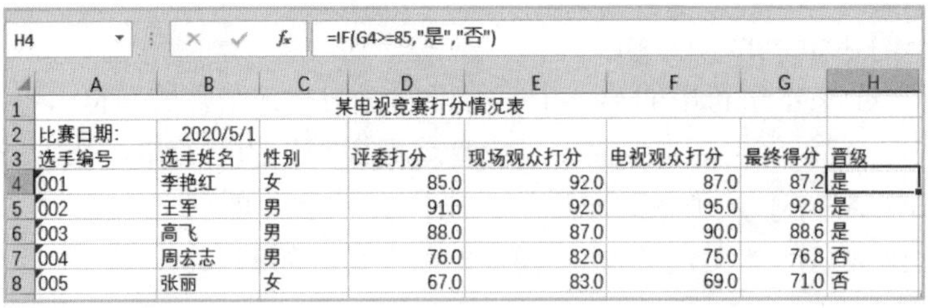

图 4-25　IF 函数示例

图 4-26　IF "函数参数" 对话框

（2）IFERROR

格式：IFERROR(value,value_if_error)。

功能：如果表达式是一个错误，则返回 value_if_error，否则返回表达式自身的值。

示例：如图 4-27 所示，在 C2 单元格中输入公式 "=IFERROR(A2/B2, " 除数不能为 0 ")"，确认后就可得到结果 "除数不能为 0"。

图 4-27　IFERROR 函数示例

说明：value 计算得到的错误类型包括#N/A、#VALUE!、#REF!、#DIV/0!、#NUM!、#NAME? 或 #NULL!。

4.2.4　单元格引用

Excel 2016 公式可以使用当前工作表中其他单元格的数据，也可以使用同一工作簿中其他工作表中的数据，还可以使用其他工作簿的工作表中的数据。Excel 2016 公式的关键就是灵活地使用单元格引用，单元格引用包括相对引用、绝对引用和混合引用。

1. 相对引用和绝对引用

相对引用是指当把一个含有单元格地址的公式复制到一个新的位置时，公式中的单元格地址也会随之改变，这是 Excel 2016 默认的引用形式。

在单元格引用过程中，如果公式中的单元格地址不随着公式位置变化而发生变化，这种引用就是绝对引用。在列号和行号之前加上符号$就构成了单元格的绝对引用，如$C$3、$F$6 等。

2. 混合引用

在某些情况下复制公式时，可能只有行或只有列保持不变，这时就需要使用混合引用，混合引用是指包含相对引用和绝对引用的引用。例如，$A1 表示列的位置是绝对的，行的位置是相对的；而 A$1 表示列的位置是相对的，而行的位置是绝对的。

相对引用、绝对引用和混合引用的示例如下。

1）G3 单元格公式形式是“G3=C3+D3+E3+F3”，当把公式复制到 G4 单元格时，相应的公式就变为 G4=C4+D4+E4+F4。在 G3 单元格中输入公式时，单元格引用和公式所在单元格之间通过它们的相对位置建立了一种联系。当公式被复制到其他位置时，公式中的单元格引用也会做出相应的调整，使这些单元格和公式所在单元格之间的相对位置不变。

2）在 B20 单元格中输入的公式如果是“B20=$C$20+$D$20+$E$20”，则将此公式复制到 A4 单元格时，A4 单元格的公式仍然是“A4=$C$20+$D$20+$E$20”，B20 和 A4 单元格中的数值相同。这就是绝对引用。

3）F3 单元格的公式为“=$C3+D$3”，当将公式复制到 F4 单元格时，F4 单元格的公式为“F4=$C4+F$3”，这是混合引用的示例。

在 Excel 2016 中还可以引用其他工作表中的内容，方法是在公式中包括工作表引用和单元格引用。例如，当前工作表为 Sheet1，若要引用工作表 Sheet3 中的 B18 单元格，则可以在公式中输入 Sheet3!B18，用感叹号（!）将工作表引用和单元格引用隔开。另外，还可以引用其他工作簿的工作表中的单元格。例如，[Book5]Sheet2！A5 表示引用工作簿 Book5 中的工作表 Sheet2 中的单元格 A5。

在默认情况下，当引用的单元格数据发生变化时，Excel 2016 会自动重新进行计算。下面举例说明单元格的引用在公式计算时的应用。如图 4-28 所示，在计算每个选手的最终得分时，如果各部分得分所占的比例放在工作表的相应单元格中，这样在计算每个选手的最终得分时，评委打分、现场观众打分、电视观众打分都是相对引用，当自动填充公式被复制到其他位置时，公式中的单元格引用也会做出相应的调整，而每部分所占的比例是个常量，并且放在了单元格中，它不应随目标单元格位置的变化而变化，因此在计算最终得分时，引用每部分所占比例的单元格必须是绝对引用，G4 单元格中的公式为“=D4*$B$9+E4* $B$10+F4*$B$11”，单击 G4 单元格右下角的填充柄向下拖动，G5:G8 单元格自动填充相应的计算结果。

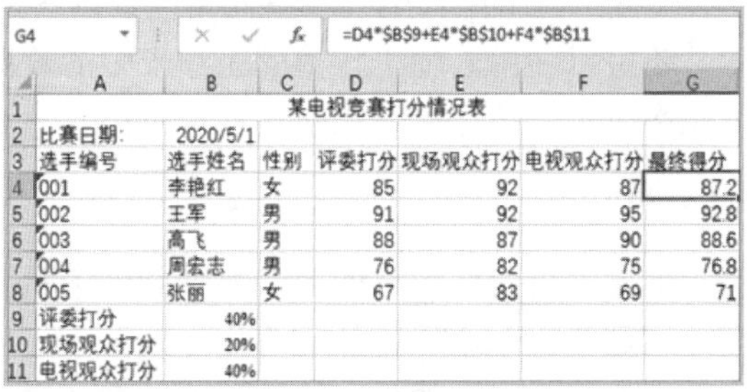

	A	B	C	D	E	F	G
1	某电视竞赛打分情况表						
2	比赛日期:	2020/5/1					
3	选手编号	选手姓名	性别	评委打分	现场观众打分	电视观众打分	最终得分
4	001	李艳红	女	85	92	87	87.2
5	002	王军	男	91	92	95	92.8
6	003	高飞	男	88	87	90	88.6
7	004	周宏志	男	76	82	75	76.8
8	005	张丽	女	67	83	69	71
9	评委打分	40%					
10	现场观众打分	20%					
11	电视观众打分	40%					

图 4-28　单元格引用示例

4.3　编辑和格式化工作表

在数据输入的过程中或数据输入完成后，通常需要对工作表进行编辑修改，完成工作表格式化工作，可使工作表更美观、实用。

4.3.1　编辑工作表

1. 单元格操作

（1）修改单元格内容

在单元格中输入新数据，输入的数据将覆盖原来单元格中的数据。如双击单元格，可以修改该单元格中的数据，也可以将鼠标指针移至数据编辑栏中，在需要修改的地方单击，再对单元格内容进行修改。

（2）清除单元格内容

选择要清除内容的单元格或区域后按 Delete 键。单击"开始"｜"编辑"｜"清除"下拉按钮，在弹出的下拉列表中可以根据需要选择相应的清除选项。

（3）插入单元格

单击"开始"｜"单元格"｜"插入"下拉按钮，在弹出的下拉列表中可以选择插入一个或多个单元格、整个行或列。如果将单元格插入已有数据的中间，则会引起其他单元格下移或右移。

（4）删除单元格

选择欲删除的单元格、行或列，单击"开始"｜"单元格"｜"删除"下拉按钮，在弹出的下拉列表中根据需要进行选择。当删除一行时，所删除行下面的行将向上移；当删除一列时，其右边的列将向左移。

删除命令与清除命令不同。清除命令只能移走单元格的内容，而删除命令将同时移走单元格的内容与空间。删除行或列后，Excel 2016 会将其余的行或列按照顺序重新编号。

2. 工作表操作

（1）插入和删除工作表

单击"开始"｜"单元格"｜"插入"下拉按钮，在弹出的下拉列表中选择"插入工作表"选项，即可实现工作表的插入操作。

单击工作簿中的工作表标签，选定要删除的工作表，单击"开始"｜"单元格"｜"删除"下拉按钮，在弹出的下拉列表中选择"删除工作表"选项，即可将当前工作表删除。

插入和删除工作表可以在右击工作表后弹出的快捷菜单中选择相应选项实现。

（2）移动和复制工作表

鼠标拖动或菜单操作这两种方法可以实现移动或复制工作表。

第一种方法是单击要移动的工作表并拖动鼠标，标签上方将出现一个黑色小三角以指示移动的位置，当黑色小三角出现在指定位置时，释放鼠标即可完成工作表的移动操作。若需要复制工作表，则应在拖动的同时按 Ctrl 键，此时会在鼠标指针处出现一个"+"，表示可复制该工作表。此方法适用于在同一工作簿中移动或复制工作表。

第二种方法是右击要复制或移动的工作表标签，在弹出的快捷菜单中选择"移动或复制工作表"选项，打开如图 4-29 所示的对话框，在该对话框中选择目标工作表和插入位置，如移动到某个工作表之前或移至最后。单击"确定"按钮即可完成在不同工作簿之间工作表的移动。

若选中"建立副本"复选框，则进行复制操作。此方法适用于在不同工作簿之间移动或复制工作表。

图 4-29　"移动或复制工作表"对话框

4.3.2　格式化工作表

1．设置单元格格式

设置单元格格式主要包括设置单元格中数字的类型、文本的对齐方式、字体、单元格的边框、图案及单元格的保护等。

选择单元格或单元格区域后，单击"开始"｜"单元格"｜"格式"下拉按钮，在弹出的下拉列表中选择"设置单元格格式"选项，打开"设置单元格格式"对话框，如图 4-30 所示，在此对话框中即可进行单元格格式化。"设置单元格格式"对话框中各选项的功能如下。

1）通过"数字"选项卡中的"分类"列表框，可以设置单元格数据的类型。

2）通过"对齐"选项卡可以设置文本的对齐方式、合并单元格、单元格数据的自动换行等。Excel 2016 默认的文本格式是左对齐，而数字、日期和时间格式是右对齐，更改对齐方式并不会改变数据类型。

3）通过"字体"选项卡可对单元格数据的字体、字形和字号进行设置，操作方法与 Word 2016 相同。需要注意的是，应先选中操作的单元格数据，再执行设置命令。

4）通过"边框"选项卡提供的样式可为单元格添加边框，这样能够使打印出来的工作表更加直观清晰。初始创建的工作表表格没有实线，工作窗口中的格线仅仅是为用户创建表格数据方便而设置的，要想打印出具有实线的表格，可在该选项卡中进行设置。

5）通过"填充"选项卡可为单元格添加底纹，并可设置单元格底纹的图案。

6）通过"保护"选项卡可以隐藏公式或锁定单元格，但该功能在工作表被保护时才有效。

图 4-31 所示是设置工作表数据格式化后的效果。

图 4-30　"设置单元格格式"对话框　　　　　图 4-31　工作表格式化后的效果

2. 设置行列

设置行列包括设置行高和列宽、插入和删除行或列、复制和剪切行或列、隐藏和显示行或列。

上述这些操作都可以通过单击"开始" | "单元格" | "插入"、"删除"或"格式"下拉按钮，在其弹出的下拉列表中实现，也可以通过快捷菜单实现。

下面以删除行或列为例进行说明。

1）选中需要处理的行（列），或该行（列）的单元格。

2）单击"开始" | "单元格" | "删除"下拉按钮，在弹出的下拉列表中选择"删除工作表行（列）"命令。

3. 套用样式

Excel 2016 内置了很多格式化的单元格样式和表格样式供用户直接套用。

（1）套用单元格样式

选中需要设置的单元格，单击"开始" | "样式" | "单元格样式"下拉按钮，在弹出的下拉列表中选择所需的样式即可，如图 4-32 所示。也可以通过"新建单元格样式"选项，新建用户自定义的样式，右击某一样式即可实现对样式的修改或删除。如果要清除单元格样式，则可通过单击"开始" | "编辑" | "清除"下拉按钮，在弹出的下拉列表中选择"清除格式"命令实现。

（2）套用表格样式

选中需要设置的表格或表格内的单元格，单击"开始" | "样式" | "套用表格格式"下拉按钮，在弹出的下拉列表中选择所需的样式，确定设置区域即可。也可以通过"新建表样式"选项，新建用户自定义的样式，右击某一自定义样式即可实现对样式的修改或删除。若需要清除单元格样式，则可通过单击"开始" | "编辑" | "清除"下

拉按钮，在弹出的下拉列表中选择“清除格式”命令实现，实现了样式套用效果的示例如图 4-33 所示。

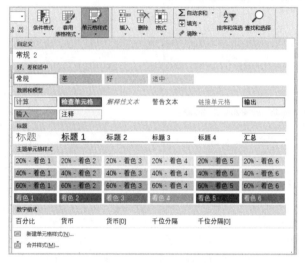

图 4-32　单元格样式设置列表

B	C	D	E	F	G
某电视竞赛打分情况表					
比赛日期:	2020/5/1				
选手姓名	性别	评委打分	现场观众打分	电视观众打分	最终得分
李艳红	女	85	92	87	87.2
王军	男	91	92	95	92.8
高飞	男	88	87	90	88.6
周宏志	男	76	82	75	76.8
张丽	女	67	83	69	71

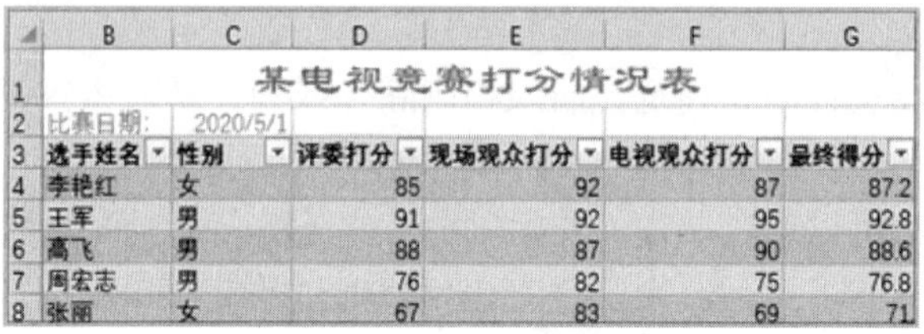

图 4-33　套用表格格式示例

4. 条件格式

条件格式可以实现将符合某些条件的数据以特定格式显示。单击“开始”|“样式”|“条件格式”下拉按钮，在弹出的下拉列表（图 4-34）中可实现对条件格式的设置、建立、清除和管理等操作。

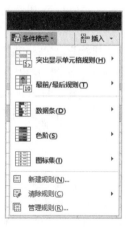

图 4-34　“条件格式”下拉列表

（1）内置快速条件规则

Excel 2016 内置了一些设置好的条件格式，用户可直接使用，主要有以下 5 类。

1）突出显示单元格规则。可实现对数据值满足大于、小于、介于、等于、文本包含、发生日期、重复值等条件的单元格进行格式设置。

2）最前/最后规则。可实现对数据值满足最大若干项、最小若干项、高于或低于平均值等条件的单元格进行格式设置。

3）数据条。用彩色数据条的长度表示单元格中数据值的大小，数据条越长，所表示的数据值就越大。

4）色阶。在一个单元格区域中显示双色渐变或三色渐变时，颜色的底纹表示单元格中的值。

5）图标集。在每个单元格中显示图标集中的一个图标，每个图标表示单元格的一个值。

（2）自定义条件格式

单击"开始"｜"样式"｜"条件格式"下拉按钮，在弹出的下拉列表中选择"新建规则"命令，打开"新建格式规则"对话框，即可实现自定义条件格式。通过如下操作步骤可实现如图 4-35 所示的条件格式设置效果。

1）选中 G4:G8 单元格区域，单击"开始"｜"样式"｜"条件格式"下拉按钮，在弹出的下拉列表中选择"新建规则"命令，打开"新建格式规则"对话框，设置"选择规则类型"为"只为包含以下内容的单元格设置格式"，设置"编辑规则说明"为"单元格值大于 90"，如图 4-36 所示，单击"格式"按钮，打开"设置单元格格式"对话框，在"填充"选项卡中选择"绿色"，单击"确定"按钮，回到"新建格式规则"对话框，完成最终得分大于 90 的单元格背景色为绿色的条件格式设置。

图 4-35　条件格式设置效果示例

图 4-36　设置条件格式

2）再次单击"开始"｜"样式"｜"条件格式"下拉按钮，在弹出的下拉列表中选择"新建规则"命令，打开"新建格式规则"对话框，设置最终得分介于 85 到 90 的单元格背景色为黄色的条件格式，如图 4-37 所示。同理，可设置最终得分小于 85 的单元格背景色为红色的条件格式。

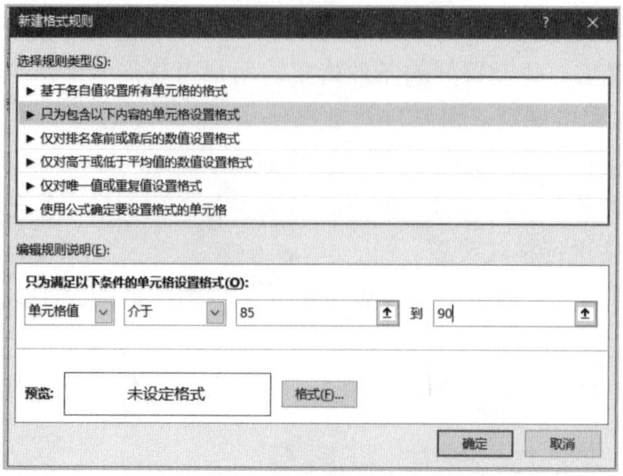

图 4-37　添加条件格式

4.4　数据库操作

数据库也称为数据清单，是由连续的行和列组成的数据记录的集合。数据库可以对大量复杂数据进行组织，用户通过它可以方便地完成查询、统计、排序等工作。

4.4.1　建立数据清单

数据清单的每一列都包含着相同类型的数据。因此，数据清单是一个有列标题的特殊工作表区域。数据清单由记录、字段和字段名 3 个部分组成。

数据清单中的一行为一条记录，一列为一个字段，是构成数据清单的基本数据单元。字段名是数据清单的列标题，它位于数据清单的最上面。字段名标识了字段，Excel 2016 根据字段名进行排序、检索及分类汇总等。

需要注意的是，在工作表上输入数据并建立数据清单时，在数据清单的第一行创建字段名，字段名不能是数字、逻辑值、空白单元格等。数据清单与其他数据间至少要留出一列或一行空白单元格。

将图 4-38 所示的工作表看成一个数据清单，本节及后面的排序、筛选、分类汇总及合并计算实例都用到该数据清单。

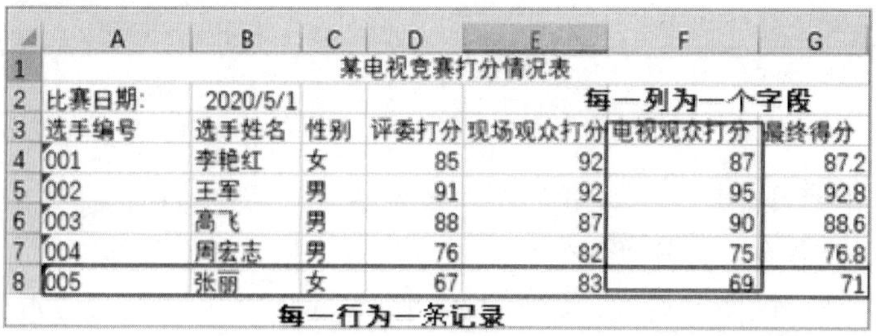

图 4-38　数据清单示例

4.4.2　排序

　　排序是指对数据清单按照某个字段名重新组织记录，排序的字段也称为关键字。Excel 2016 最多允许指定 3 个关键字作为组合关键字参与排序，3 个关键字按照顺序分别称为主要关键字、次要关键字和第三关键字。当主要关键字相同时，次要关键字才起作用；当主要关键字和次要关键字都相同时，第三关键字才起作用。

　　排序主要通过确定排序的数据区域、指定排序的方式和指定排序关键字 3 个步骤完成，这些操作都是通过"排序"对话框完成的。

　　例如，针对如图 4-38 所示的数据清单，将"评委打分"字段和"现场观众打分"字段作为组合关键字进行排序，操作步骤如下。

　　1）选定排序的数据区域，若是对所有的数据进行排序，则无须全部选中排序数据区，只要将插入点置于所要排序的数据清单中，在选择"排序"命令后，系统即可自动选中该数据清单中的所有记录。

　　2）单击"数据"｜"排序和筛选"｜"排序"按钮，打开"排序"对话框，如图 4-39 所示。

　　3）在"排序"对话框中选择"主要关键字"为"评委打分"，"次要关键字"为"现场观众打分"，其他选项保持默认。设置完成后单击"确定"按钮，即可完成排序操作。

　　也可以单击"开始"｜"编辑"｜"排序和筛选"下拉按钮对工作表中的数据进行快速排序。

图 4-39　"排序"对话框

4.4.3　筛选

　　筛选是指工作表中只显示符合条件的记录供用户使用和查询，隐藏不符合条件的记录。Excel 2016 提供了自动筛选和高级筛选两种工作方式。自动筛选按照简单条件进行查询；高级筛选按照多种条件组合进行查询。

　　1．自动筛选

　　以图 4-38 所示的数据清单为例，自动筛选出最终得分高于 85 分的记录，操作步骤如下。

1）单击数据清单中的任意单元格。单击"数据"｜"排序和筛选"｜"筛选"按钮，此时每个列标题旁都会出现一个向下箭头。

2）单击已提供筛选条件标题中的向下箭头，打开一个筛选条件列表框，选择"数字筛选"中的相关选项，如图 4-40 所示。

图 4-40　设置自动筛选

3）在打开的"自定义自动筛选方式"对话框中输入设置的条件，单击"确定"按钮，即可将满足条件的数据记录显示在当前工作表中，同时 Excel 2016 会隐藏所有不满足筛选条件的记录。

通过筛选条件箭头可以设置多个筛选条件。如果数据清单中的记录很多，这个功能就会非常有效。

自动筛选完成后，若再次单击"数据"｜"排序和筛选"｜"筛选"按钮，则将退出筛选状态，并恢复显示原有工作表中的所有记录。

2. 高级筛选

高级筛选是指按照多种条件的组合进行查询的方式。以图 4-38 所示的数据清单为例，筛选出评委打分大于 85 分或者现场观众打分大于 85 分的记录，操作步骤如下。

1）选择不影响数据的空白单元格区域 C10:D12 当作条件区域，输入"评委打分""现场观众打分"及条件">85"。注意，这两个条件分别放在不同行，这样两个条件是"或"的关系，放在同行是"与"的关系。

2）单击数据清单中的任意单元格，或选中需要筛选的 A3:G8 单元格区域。单击"数据"｜"排序和筛选"｜"高级"按钮，打开"高级筛选"对话框。

3）在"高级筛选"对话框中设定列表区域、条件区域，单击"确定"按钮即可筛选出符合条件的结果，如图 4-41 所示。

图 4-41　设置高级筛选样例

4.4.4　分类汇总

分类汇总就是对数据清单中的某一字段进行分类，再将其按照某种方式汇总并显示出来。在按照字段进行分类汇总前，必须先对该字段进行排序，以使分类字段值相同的记录排在一起。

对图 4-38 所示的数据清单进行操作，要求使用分类汇总功能计算男、女选手评委打分和现场观众打分的平均值，操作步骤如下。

1）按性别排序。将插入点置于数据清单中，单击"数据"｜"排序和筛选"｜"排序"按钮，在"排序"对话框中设置排序关键字为"性别"，单击"确定"按钮完成排序，如图 4-42 所示。

2）仍将插入点置于数据清单中。单击"数据"｜"分级显示"｜"分类汇总"按钮，打开"分类汇总"对话框，设置"分类字段"为"性别"，"汇总方式"为"平均值"，"选定汇总项"为"评委打分"和"现场观众打分"，如图 4-43 所示。

图 4-42　数据清单按性别排序后的情况　　　　图 4-43　"分类汇总"对话框

3）单击"确定"按钮，得到分类汇总结果，如图 4-44 所示。单击汇总表左侧的"折叠"按钮 ▬ 、"展开"按钮 ✚ ，即可看到不同级别的分类结果。

1 2 3	▲	A	B	C	D	E	F	G
	1				某电视竞赛打分情况表			
	2	比赛日期：	2020/5/1					
	3	选手编号	选手姓名	性别	评委打分	现场观众打分	电视观众打分	最终得分
	4	002	王军	男	91.0	92.0	95.0	92.8
	5	003	高飞	男	88.0	87.0	90.0	88.6
	6	004	周宏志	男	76.0	82.0	75.0	76.8
	7			男 平均值	85.0	87.0		
	8	001	李艳红	女	85.0	92.0	87.0	87.2
	9	005	张丽	女	67.0	83.0	69.0	71.0
	10			女 平均值	76.0	87.5		
	11			总计平均值	81.4	87.2		

图 4-44　分类汇总结果

4.4.5　合并计算

合并计算可以实现将多个格式一致的报表汇总合并。如图 4-45 所示，在一个工作簿的不同工作表中分别存放了竞赛时的评委打分、现场观众打分和电视观众打分的数据，并都按照最终得分所占的比例计算出相应折合后的分值。

▲	A	B	C	D	G	H
1		某电视竞赛打分情况表				
2	比赛日期	2020/5/1				
3	选手编号	选手姓名	性别	评委打分	折合后分	
4	002	王军	男	91.0	36.4	
5	003	高飞	男	88.0	35.2	
6	004	周宏志	男	76.0	30.4	
7	001	李艳红	女	85.0	34.0	
8	005	张丽	女	67.0	26.8	
9	备注（折合后分为评委打分的40%）					
10						
11						

图 4-45　合并计算示例工作簿

若需要计算选手最终得分，则可以使用合并计算，主要操作步骤如下。

1）切换到"最终得分表"工作表，选中汇总结果目标单元格区域 D4:D8 或单元格区域的起始单元格 D4。

2）单击"数据"｜"数据工具"｜"合并计算"按钮，打开"合并计算"对话框，设置函数为求和。

3）单击引用位置右侧按钮 ，使对话框折叠为浮动工具条，切换到"评委打分"工作表，选中评委打分折合后所对应的单元格区域 G4:G8。单击浮动条右侧按钮 返回对话框，单击"添加"按钮，将评委打分折合后的数据区域添加到"所有引用位置"列表框。同理，可添加现场观众打分折合后的数据及电视观众打分折合后的数据到对应的数据区域。最后，单击"确定"按钮，即可实现合并计算，如图 4-46 所示。

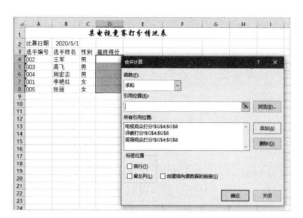

图 4-46　合并计算及结果

4.5　图表

Excel 2016 可以以柱形图、折线图、饼图、面积图、瀑布图等形式显示用户数据，从而使工作表中的数据更形象、直观地表达出来。

4.5.1　创建图表

在 Excel 2016 中可以非常方便地创建图表，步骤如下。

1）选择要创建图表的数据区域，这个区域可以连续也可以不连续，但应当是规则区域。

2）选择"插入" | "图表"选项组中的某一种图表类型，图表就可以创建完成，如图 4-47 所示。

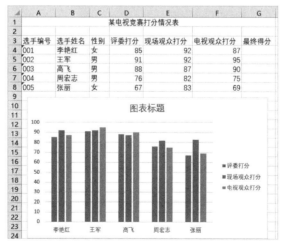

图 4-47　图表示例

使用上面方法创建的图表一般称为嵌入式图表，即数据和图表在同一张工作表上，可同时显示和打印。嵌入式图表创建完成后，单击"图表工具"｜"移动图表"的按钮，可以将该图表移动成为独立图表，该图表是在数据工作表之前插入的一张单独图表。

两类图表都链接到它表示的工作表数据，所以在改变工作表的数据时，图表中对应的数据项将自动更新。

4.5.2 编辑图表

编辑图表是指美化或修改图表，包括对图表及图表对象（如图表标题、分类轴、图例等）的修改。选中图表后打开"图表工具-设计"和"图表工具-格式"两个选项卡，可以通过选项卡中的命令实现图表的编辑操作，也可以通过快捷菜单来编辑或格式化图表。

例如，若在创建图表时没有设置数据标签，则可以按照如下步骤来添加图表数据标签，执行过程如图 4-48 所示。

1）单击图表，图表处于选定状态。

2）单击"图表工具-设计"｜"图表布局"｜"添加图表元素"下拉按钮，在弹出的下拉列表中选择"数据标签"选项。

3）选择一种数据标签类型，例如"数据标签内"，在柱状图内显示数据值。

4）类似地，还可以删除某一数据系列的标签值或修改数据标签的类型。

改变图例等操作与此类似。编辑处理后的图表的数据显示更清楚、更有吸引力。

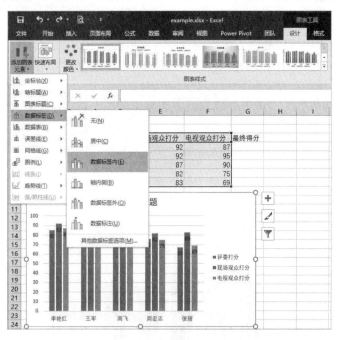

图 4-48　插入"图表标签"过程

4.5.3 格式化图表

格式化图表是指对图表标题、图例、数值轴和分类轴等图表对象设置格式。方法是将鼠标指针指向欲设置格式的选项，当选项旁显示该选项的名称时单击，选中项的周围出现控点，进入编辑状态，然后右击，在弹出的快捷菜单中选择相应的格式设置选项，打开设置格式的对话框，在对话框中进行设置。

4.5.4　嵌入式图表

对于嵌入式图表，单击图表区中的任何区域后，图表处于选中状态（四周出现 8 个控点），可进行下列操作。

1）移动：用鼠标拖动图表到任意位置。

2）复制：选择"剪贴板"中的"复制"和"粘贴"命令，可将图表整张复制到其他工作表或工作簿中。

3）调整：用鼠标拖动一个控点来改变图表大小。拖动一个角控点会同时改变宽度和高度，拖动边控点只改变宽度或高度。

4）删除：按 Delete 键可删除整张图表。

4.6　保护工作表的数据

Excel 2016 中的数据保护可以分为文件访问权限保护、保护工作簿、保护工作表 3 种。其中，保护工作表还可以分为保护工作表的所有数据和保护工作表的部分数据两种。

保护工作表是指保护工作表中的数据不被编辑修改，但不能防止工作表被删除。保护工作表的操作方法和保护工作簿类似，在 Excel 2016 文件中，单击"文件"｜"信息"｜"保护工作簿"下拉按钮，在弹出的下拉列表中选择"保护当前工作表"选项，在打开的"保护工作表"对话框中设置密码即可。

上面的保护功能是保护工作表中的全部数据，但有时需要对工作表的部分数据加以保护。例如，对于"某电视竞赛打分情况表"（图 4-38），需要保护的数据是其中的成绩记录区域（D4:F8），其他区域不需要保护。这需要使用工作表的单元格数据保护功能，该功能可以实现对工作表中的部分或全部单元格进行数据保护。

操作过程参看下面例子。

要求对"某电视竞赛打分情况表"（图 4-38）中成绩记录区域 D4:F8 进行数据保护，并加密码为"AAAAA"，工作表经过保护处理后，该区域不可以被修改，而其他区域可以被修改。

1）选择不需要保护的区域，本例中选择的区域是 A4:C8 和 G4:G8。

2）单击"开始"｜"单元格"｜"格式"按钮，选择"锁定单元格"选项，如图 4-49 所示。

3）继续单击"格式"｜"保护工作表"按钮，打开"保护工作表"对话框，如图 4-50 所示，输入密码，再次确认后即可完成设置。

此时，在选中区域范围外的单元格数据与公式均不能被修改，而选中区域内的单元格数据可以被修改。

图 4-49　单元格保护设置　　　　　图 4-50　密码设置

4.7　上机范例

4.7.1　上机范例 1

打开"E:\excel"文件夹下的"myexce1.xlsx"文件，使用"xscj"工作表，完成如下操作。

1）利用函数计算相应单元格中的"总分""平均分"。

2）计算"每科优秀率"（大于等于 90 分为优秀，优秀率用百分数显示，小数点后保留一位小数）。

3）利用函数找出总分大于等于 255 分的学生，并以"优秀"字样显示在 I3:I10 的区域内。

4）将区域 B3:B10 中的水平对齐方式设置为分散对齐，用条件格式使考试成绩<60 分的自动加粗倾斜、字体设置为标准色红色，其他单元格区域的格式化如图 4-51 所示。

5）保存"xscj"工作表。

操作步骤如下。

1）在 G3:G10 单元格求相应的总分、在 H3:H10 单元格求相应的平均分。

① 在"文件资源管理器"窗口中找到"E:\excel"文件夹下的"myexce1.xlsx"文件，双击将其打开，单击"xscj"工作表标签，选定 G3 单元格，然后单击 *fx* 按钮，或者单击"公式" | "函数库" | "插入函数"按钮，打开"插入函数"对话框，如图 4-52 所示。

图 4-51　格式化后的工作表样例

② 选择函数所属类别为"常用函数"，然后在"选择函数"列表框中选择要使用的函数，也可以在"公式"选项卡中的"函数库"中选择所需函数，这里选择 SUM 函数，单击"确定"按钮，打开"函数参数"对话框，如图 4-53 所示。

图 4-52　"插入函数"对话框　　　　图 4-53　SUM "函数参数"对话框

③ 单击 Number1 数据选择框右侧的 ⬆ 按钮，然后使用鼠标拖动选中需要计算求和的单元格区域，如图 4-54 所示，数据选择完毕后单击 ⬇ 按钮，返回"函数参数"对话框。

图 4-54　选择数据区域

④ 单击"确定"按钮，完成函数参数的选择，求和的结果显示在 G3 单元格中。

⑤ 将 G3 单元格右下角的填充柄向下拖动，在 G4～G10 单元格中将自动填充相应的计算结果。

⑥ 类似以上的操作方法，利用常用函数 AVERAGE，选择数据区域为 H3:H10，计算每个学生的平均分。

2）计算每科优秀率（大于等于 90 分为优秀，优秀率用百分数显示，小数点后保留一位小数）。

① 首先计算"数学"的优秀率。选定 D12 单元格，再单击 f_x 按钮，在如图 4-52

所示的对话框的"或选择类别"下拉列表中选择"全部"选项，在下方的"选择函数"列表框中选择 COUNTIF 函数，单击"确定"按钮，打开"函数参数"对话框，如图 4-55 所示。

② 在图 4-55 中，单击"Range"右侧的 ⬆ 按钮，打开如图 4-54 所示的选择数据区域对话框，选择 D3:D10 数据区域，在"Criteria"右侧的文本框中输入">=90"，单击"确定"按钮。

③ 在编辑栏的 COUNTIF()函数后输入除号"/"；单击 *fx* 按钮，打开如图 4-52 所示的"插入函数"对话框，在"或选择类别"中选择"常用函数"，在下方的"选择函数"列表框中选择 COUNT 函数，单击"确定"按钮，打开"函数参数"对话框，如图 4-56 所示。

图 4-55　COUNTIF "函数参数" 对话框

图 4-56　COUNT "函数参数" 对话框

④ 在图 4-56 中，单击"Value1"右侧的 ⬆ 按钮，打开如图 4-54 所示的选择数据区域对话框，选择 D3:D10 数据区域后，单击 按钮返回 COUNT "函数参数"对话框，单击"确定"按钮，这样数学的优秀率就计算完了。

⑤ 然后完成数字的格式化工作。单击"开始" | "数字"选项组中的 **%** 按钮，将 D12 单元格中的数据格式设置成百分数，再单击"数字"组中的 按钮，将 D12 单元格中的数据设置成小数点后 1 位小数。

⑥ 最后计算其他学科的优秀率。单击 D12 单元格右下角的填充柄，然后向右拖动，在 E12～F12 单元格中自动填充相应的计算结果，计算出其他学科的优秀率。

3）利用函数找出总分大于等于 255 分的学生，并以"优秀"字样显示在 I3:I10 的区域内。

① 选定 I3 单元格，单击 *fx* 按钮，或者单击"公式" | "函数库" | "插入函数"按钮，打开"插入函数"对话框。

② 设置"或选择类别"为"常用函数"，然后在"选择函数"列表框中选择要使用的函数，这里选择 IF 函数，单击"确定"按钮，打开 IF "函数参数"对话框，如图 4-57 所示。

③ 在图 4-57 中单击"Logical_test"右侧的 按钮，在如图 4-54 所示的选择数据区域对话框中选择 G3 单元格，单击 按钮返回 IF "函数参数"对话框，在"Logical_test"

后输入 "G3 >=255"，在 "Value_if_true" 右侧文本框中输入 "优秀"，在 "Value_if_false" 右侧文本框输入 """""。

④　单击 "确定" 按钮，完成 I3 单元格数据的计算。

⑤　将 I3 单元格的填充柄向下拖动，在 I4～I10 单元格中自动填充相应的计算结果。

4）将区域 B3:B10 中的水平方式设置为分散对齐，设置条件格式，使考试成绩 <60 分的自动设为加粗倾斜、字体设置为标准色红色，其他单元格区域的格式化如图 4-51 所示。

①　选中单元格区域 B3:B10，单击 "开始" | "对齐方式" 选项组或 "字体" 选项组右下角的对话框启动器按钮，打开 "设置单元格格式" 对话框，如图 4-58 所示。

图 4-57　IF 函数参数对话框　　　　　　图 4-58　"设置单元格格式" 对话框

②　在 "对齐" | "水平对齐" 下拉列表中选择 "分散对齐" 选项，单击 "确定" 按钮。

③　选中所有科的成绩区域 D3:F10，单击 "开始" | "样式" | "条件格式" 下拉按钮，在打开的下拉列表中选择 "突出显示单元格规则" 命令，在出现的级联菜单中选择 "小于" 命令，如图 4-59 所示，打开如图 4-60 所示的对话框。

图 4-59　条件格式设置　　　　　　图 4-60　输入条件和设置格式

④ 在文本框中输入"60"，在右侧的"设置为"下拉列表中选择"自定义格式"选项，打开如图 4-58 所示的"设置单元格格式"对话框，在"字体"选项卡下选择字形为"加粗倾斜"，颜色为"红色"，单击"确定"按钮。

⑤ 选中不同区域的单元格，单击"开始" | "对齐方式"选项组或"字体"选项组右下角的对话框启动器按钮，打开"设置单元格格式"对话框，选择不同的选项卡来对单元格的格式进行设置。

5）保存"xscj"工作表。

单击快速访问工具栏中的 按钮或按 Ctrl+S 组合键对工作表进行保存。

4.7.2　上机范例 2

打开"E:\excel"文件夹下的"myexce1.xlsx"工作簿文件，使用"xscj"工作表，继续完成如下操作。

1）根据所有同学三门课程的成绩绘制一簇状柱形图，图例为"数学"、"外语"和"物理"，在图表区的上方设置图表标题为"三门课成绩比较图"，图表位置放在工作表的下方，图表样例如图 4-61 所示。

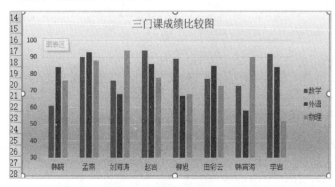

图 4-61　图表样例

2）在"Sheet2"工作表以 A3 单元格为起点的区域内建立数据透视表，以班级为行，分别统计男女学生数学、外语、物理课程的平均分（结果保留 1 位小数），设置数据透视表样式为"浅色 16"，数据透视表如图 4-62 所示。

行标签	列标签		
	男	女	总计
1班			
平均值项:数学	77.0	77.0	77.0
平均值项:外语	79.3	85.0	80.8
平均值项:物理	82.7	73.0	80.3
2班			
平均值项:数学	82.5	89.5	86
平均值项:外语	71	80	75.5
平均值项:物理	71	78	74.5
平均值项:数学汇总	79.2	85.3	81.5
平均值项:外语汇总	76.0	81.7	78.1
平均值项:物理汇总	78.0	76.3	77.4

图 4-62　数据透视表样例

3）将"Sheet2"工作表重命名为"平均成绩"。

操作步骤如下。

1）根据所有同学三门课程的成绩绘制一个簇状柱形图，图例为"数学"、"外语"和"物理"，在图表区的上方设置图表标题为"三门课成绩比较图"，图表位置放在工作表下方。

① 在"文件资源管理器"窗口中找到"E:\excel"文件夹下的"myexce1.xlsx"工作簿文件，双击打开该文件，单击"xscj"工作表标签，选中 B2:B10 单元格区域，按住 Ctrl 键，再选中 D2:F10 单元格区域作为图表数据源的数据区域，单击"插入"|"图表"选项组的某种图表类型，即可在当前工作表中创建相应图表，这里选择建立"簇状柱形图"，如图 4-63 所示。

② 单击选中图表，在新添加的"图表工具-设计"选项卡中选择"图表样式"为"样式 1"。

③ 单击图表区的"图表标题"，输入标题为"三门课成绩比较图"。

④ 在图表区的"图例"中右击，在弹出的快捷菜单中选择"设置图例格式"选项，打开"设置图例格式"窗口如图 4-64 所示，设置图例位置为"靠右"。

图 4-63 选择图表类型

图 4-64 "设置图例格式"窗口

⑤ 在图表区的空白处右击，在弹出的快捷菜单中选择"设置图表区域格式"选项，在打开的窗口中选中"渐变填充"单选按钮，在"预设渐变"右侧的下拉列表中选择一种样式，单击"浅色渐变-个性色 5"按钮。

⑥ 将图表拖动到工作表的下方。

2）在"Sheet2"工作表以 A3 单元格为起点的区域内建立数据透视表，以班级为行，分别统计男女学生数学、外语、物理课程的平均分（结果保留 1 位小数），设置数据透视表样式为"浅色 16"，如图 4-62 所示。

① 选定"Sheet2"工作表的 A3 单元格，单击"插入"|"表格"|"数据透视表"按钮，打开"创建数据透视表"对话框。首先选择建立数据透视表的数据源区域，

图 4-65　创建数据透视表

单击 按钮，选择数据源区域，单击"xscj"工作表，选择 A2:G10 数据区域，然后选择数据透视表的放置位置，这里选择现有工作表"Sheet2"的 A3 单元格，如图 4-65 所示。单击"确定"按钮，在"Sheet2"工作表 A3 单元格中出现建立的数据透视表，同时出现一个"数据透视表字段"窗口，如图 4-66 所示。

② 在如图 4-66 所示的"数据透视表"窗口中，将班级拖动到"行"组中，将性别拖动到"列"组中，将数学、物理、外语拖动到"Σ 值"组中，右击"列"中的"Σ 数值"，在弹出的快捷菜单中选择"移到行标签"选项。

③ 右击"Σ 值"组中的"数学"项，在弹出的快捷菜单中选择"值字段设置"选项，打开如图 4-67 所示的对话框，选择"计算类型"为"平均值"，单击"确定"按钮。同理，将"物理"和"外语"的计算类型也改成"平均值"。

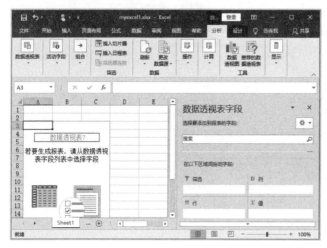

图 4-66　数据透视表

图 4-67　值字段设置

④ 选中数据透视表的 B6:D15 单元格区域，单击"开始"|"数字"选项组中的 按钮，将汇总结果设置为小数点后 1 位。

⑤ 选中数据透视表，选择"数据透视表工具-设计"|"数据透视表样式"命令，选择数据透视表样式为"浅色 16"。

⑥ 单击"保存"按钮。

3）将"Sheet2"工作表重命名为"平均成绩"。

① 双击"Sheet2"工作表标签。

② 输入文字"平均成绩"。

4.8　上机实践

4.8.1　上机实践 1

小蒋是一位中学教师，他通过 Excel 2016 来管理学生成绩，以弥补学校缺少数据库管理系统的不足。

第一学期期末考试刚刚结束，小蒋将初一年级 3 个班同学的成绩输入在文件名为“学生成绩单.xlsx”的 Excel 2016 工作簿文档中。请根据下列要求帮助小蒋对该成绩单进行整理和分析。

1）对工作表“第一学期期末成绩”中的数据列表进行格式化操作：将第一列“学号”列设为文本，将所有成绩列设为保留两位小数的数值；适当加大行高、列宽，改变字体、字号，设置对齐方式，增加边框和底纹，以使工作表更加美观。

2）利用条件格式功能进行下列设置：将语文、数学、英语 3 科中不低于 110 分的成绩所在的单元格以同一种颜色填充，其他 4 科中高于 95 分的成绩以另一种颜色标出，所用颜色深浅以不遮挡数据为宜。

3）利用 SUM 和 AVERAGE 函数计算每一位学生的总分及平均分。

4）学号第 3、第 4 位代表学生所在的班级，如“120105”代表 12 级 1 班 5 号。通过函数提取每个学生所在的班级并按下列对应关系填写在“班级”列中。

“学号”的第 3、第 4 位	对应班级
01	1 班
02	2 班
03	3 班

5）复制工作表“第一学期期末成绩”，并将副本放置到原表之后；改变该副本表标签的颜色并重新命名，新表名需要包含“分类汇总”字样。

6）通过分类汇总功能求出每个班各科的平均成绩，并将每组结果分页显示。

7）以分类汇总结果为基础，创建一个簇状柱形图，对每个班各科平均成绩进行比较，并将该图表放置在一个名为“柱状分析图”的新工作表中。

操作提示：“学生成绩单.xlsx”的“第一学期期末成绩”工作表内容如图 4-68 所示。

	A	B	C	D	E	F	G	H	I	J	K	L	M
1	学号	姓名	班级	语文	数学	英语	生物	地理	历史	政治	总分	平均分	
2	120305	包宏伟		91.5	89	94	92	91	86	86			
3	120203	陈万地		93	99	92	86	86	73	92			
4	120104	杜学江		102	116	113	78	88	86	73			
5	120301	符合		99	98	101	95	91	95	78			
6	120306	吉祥		101	94	99	90	87	95	93			
7	120206	李北大		100.5	103	104	88	89	78	90			
8	120302	李娜娜		78	95	94	82	90	93	84			
9	120204	刘康锋		95.5	92	96	84	95	91	92			
10	120201	刘鹏举		93.5	107	96	100	93	92	93			
11	120304	倪冬声		95	97	102	93	95	92	88			
12	120103	齐飞扬		95	85	99	98	92	92	88			
13	120105	苏解放		88	98	101	89	73	95	91			
14	120202	孙玉敏		86	107	89	88	92	88	89			
15	120205	王清华		103.5	105	105	93	93	90	86			
16	120102	谢如康		110	95	98	99	93	93	92			
17	120303	闫朝霞		84	100	97	87	78	89	93			
18	120101	曾令煊		97.5	106	108	98	99	99	96			
19	120106	张桂花		90	111	116	72	95	93	95			
20													

图 4-68　“第一学期期末成绩”工作表

4.8.2 上机实践 2

某公司拟对其产品季度销售情况进行统计，打开“Excel.xlsx”文件，按照以下要求进行操作。

1）分别在“一季度销售情况表”“二季度销售情况表”工作表内，计算“一季度销售额（元）”列和“二季度销售额（元）”列内容（数值型，保留小数点后 0 位）。

2）在“产品销售汇总图表”内计算“一二季度销售总量”和“一二季度销售总额”列内容（数值型，保留小数点后 0 位）；在不改变原有数据顺序的情况下，按照一二季度销售总额列出销售额排名。

3）选择“产品销售汇总图表”内的 A1:E21 单元格区域内容，建立数据透视表，行标签为产品型号，列标签为产品类别代码，计算一二季度销售额的总和，并将数据透视表置于现工作表以单元格 G1 为起点的单元格区域内。

操作提示：工作簿中有 4 个工作表，内容分别如图 4-69～图 4-72 所示。

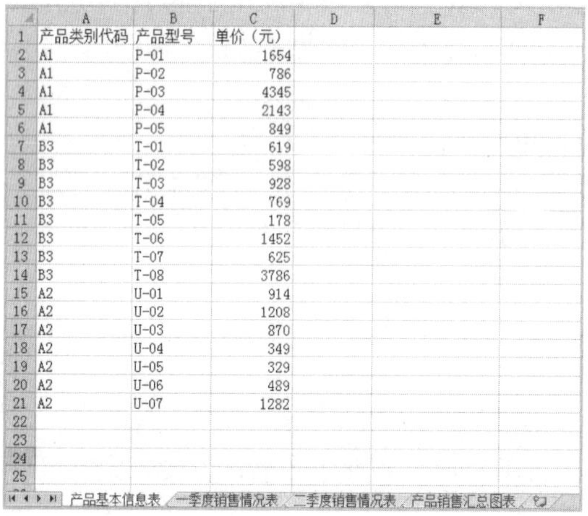

产品类别代码	产品型号	单价（元）
A1	P-01	1654
A1	P-02	786
A1	P-03	4345
A1	P-04	2143
A1	P-05	849
B3	T-01	619
B3	T-02	598
B3	T-03	928
B3	T-04	769
B3	T-05	178
B3	T-06	1452
B3	T-07	625
B3	T-08	3786
A2	U-01	914
A2	U-02	1208
A2	U-03	870
A2	U-04	349
A2	U-05	329
A2	U-06	489
A2	U-07	1282

图 4-69 产品基本信息表

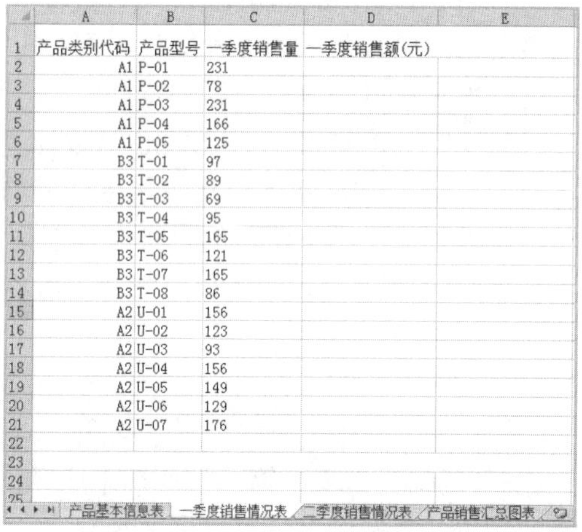

产品类别代码	产品型号	一季度销售量	一季度销售额(元)
A1	P-01	231	
A1	P-02	78	
A1	P-03	231	
A1	P-04	166	
A1	P-05	125	
B3	T-01	97	
B3	T-02	89	
B3	T-03	69	
B3	T-04	95	
B3	T-05	165	
B3	T-06	121	
B3	T-07	165	
B3	T-08	86	
A2	U-01	156	
A2	U-02	123	
A2	U-03	93	
A2	U-04	156	
A2	U-05	149	
A2	U-06	129	
A2	U-07	176	

图 4-70 一季度销售情况表

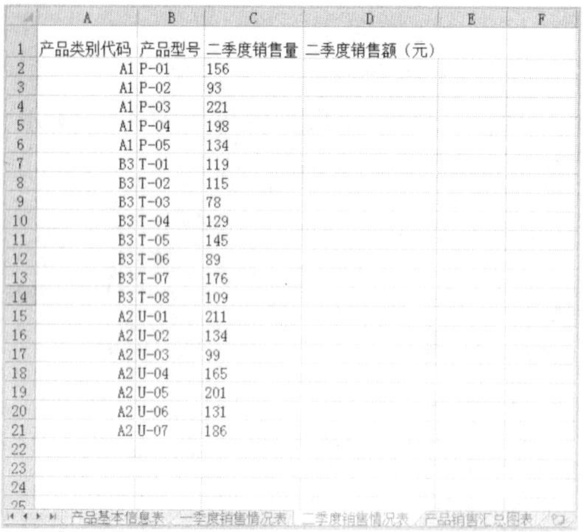

产品类别代码	产品型号	二季度销售量	二季度销售额（元）
A1	P-01	156	
A1	P-02	93	
A1	P-03	221	
A1	P-04	198	
A1	P-05	134	
B3	T-01	119	
B3	T-02	115	
B3	T-03	78	
B3	T-04	129	
B3	T-05	145	
B3	T-06	89	
B3	T-07	176	
B3	T-08	109	
A2	U-01	211	
A2	U-02	134	
A2	U-03	99	
A2	U-04	165	
A2	U-05	201	
A2	U-06	131	
A2	U-07	186	

图 4-71 二季度销售情况表

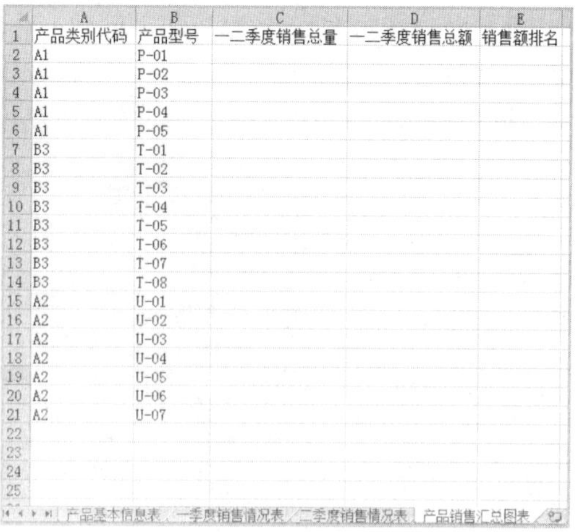

产品类别代码	产品型号	一二季度销售总量	一二季度销售总额	销售额排名
A1	P-01			
A1	P-02			
A1	P-03			
A1	P-04			
A1	P-05			
B3	T-01			
B3	T-02			
B3	T-03			
B3	T-04			
B3	T-05			
B3	T-06			
B3	T-07			
B3	T-08			
A2	U-01			
A2	U-02			
A2	U-03			
A2	U-04			
A2	U-05			
A2	U-06			
A2	U-07			

图 4-72 产品销售汇总图表

第 5 章　演示文稿处理软件 PowerPoint 2016

PowerPoint 2016 是 Office 2016 组件中的电子演示文稿制作软件。演示文稿是由若干张幻灯片组成的，所以 PowerPoint 2016 也称为幻灯片制作软件。PowerPoint 2016 文件扩展名为.pptx。在 PowerPoint 2016 中，可以使用不同的方式播放幻灯片，达到生动活泼的信息展示效果。

5.1　PowerPoint 2016 窗口

在 Windows 10 环境下，选择"开始"|"PowerPoint 2016"命令，打开 PowerPoint 2016 应用程序窗口，初始界面默认为只有一张空白幻灯片的演示文稿，也可以在 PowerPoint 2016 窗口中选择"文件"|"新建"|"空白演示文稿"命令来创建演示文稿。

PowerPoint 2016 窗口与 Word 2016 窗口相似，与 Word 2016 的主要区别在于文稿编辑区和视图切换按钮。PowerPoint 2016 的文稿编辑区放置了若干占位符供用户输入信息；视图切换按钮包括"普通视图""幻灯片浏览""阅读视图""幻灯片放映"。PowerPoint 2016 的窗口如图 5-1 所示。

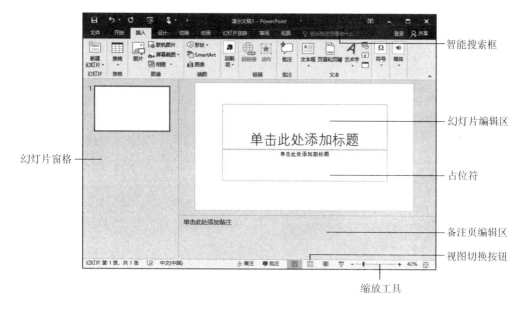

图 5-1　PowerPoint 2016 窗口

1. 文稿编辑区

文稿编辑区包括 3 部分，即幻灯片编辑区、大纲编辑区和备注页编辑区，用于对文稿进行创作和编排。

1）幻灯片编辑区用于进行幻灯片内容输入、插入图片和表格、格式设置等操作。

2）大纲编辑区用于显示演示文稿中的标题和正文。

3）备注页编辑区可以为演示文稿创建备注页，用于写入幻灯片中没有列出的内容，并可以在演示文稿放映过程中进行查看。

2. 视图切换按钮

视图切换按钮允许用户在不同视图下展示幻灯片。视图切换按钮 从左至右依次为"普通视图""幻灯片浏览""阅读视图""幻灯片放映"按钮。

1）普通视图：该视图是默认的视图模式，集大纲、幻灯片、备注页 3 种模式于一体，用户既能全面查看演示文稿的结构，又能方便地编辑幻灯片的内容。

2）幻灯片浏览：单击该按钮可在屏幕上同时看到演示文稿中的所有幻灯片，适合进行插入幻灯片、删除幻灯片、移动幻灯片位置等操作。

3）阅读视图：该视图方便用户在屏幕上阅读文档，不显示选项卡等窗口元素。

4）幻灯片放映：单击该按钮后将放映幻灯片，效果与选择"幻灯片放映"|"开始放映幻灯片"|"从头开始"命令相同。

5.2 创建和编辑演示文稿

5.2.1 创建演示文稿

PowerPoint 2016 创建新的演示文稿有多种方法，如新建空白演示文稿、使用模板创建演示文稿，或者使用搜索到的联机模板和主题来创建演示文稿，如图 5-2 所示。

图 5-2 新建演示文稿界面

使用第一种方法创建空白演示文稿时，新建的演示文稿不含任何文本格式、图案和色彩，适用于自己设计图案、配色方案和文本格式的情况。第二种方法基于模板创建演示文稿，PowerPoint 2016 提供了丰富的模板，利用其提供的基本演示文稿模板，填入相应的文字可自动快速生成演示文稿。第三种方法通过搜索联机模板和主题创建演示文稿，需要联网下载演示文稿模板并进行创作。

PowerPoint 2016 演示文稿的保存、打开和关闭操作与 Word 2016、Excel 2016 文档的操作方法相同。

5.2.2　编辑演示文稿

PowerPoint 2016 的文档编辑方法与 Word 2016 的文档编辑方法基本相同，用户可以方便地输入和编辑文本、插入图片和表格等。插入、删除、复制、移动幻灯片是编辑演示文稿的基本操作。

1. 插入新幻灯片

在各种幻灯片视图中都可以方便地插入幻灯片，常用方法的操作步骤如下。

单击"插入"｜"幻灯片"｜"新建幻灯片"下拉按钮，在弹出的下拉列表中选择"Office 主题"列表中的某个幻灯片版式，如图 5-3 所示，可按照所选的版式在当前幻灯片后插入新幻灯片。

2. 删除幻灯片

在各种幻灯片视图中可以方便地删除幻灯片。例如，在幻灯片浏览视图中，右击要删除的幻灯片，在弹出的快捷菜单中选择"删除幻灯片"选项，即可将当前幻灯片删除，如图 5-4 所示。

图 5-3　插入新幻灯片

图 5-4　删除幻灯片

3. 移动和复制幻灯片

在幻灯片大纲编辑区或浏览视图中移动和复制幻灯片较为方便，使用"开始"｜"剪贴板"选项组中命令的方法如下。

1）选中待移动的幻灯片，单击"开始"｜"剪贴板"｜"剪切"按钮，确定目标位置后，再单击"开始"｜"剪贴板"｜"粘贴"按钮，即可将幻灯片移动到新位置。

2）如果将1）中的"剪切"命令更换为"复制"命令，则可执行复制操作。

3）选中并拖动幻灯片到指定位置，也可实现幻灯片的移动。

4. 文本编辑

一般情况下，在普通视图下的幻灯片编辑区域进行文本编辑。编辑、排版方式与在Word 2016中基本相同。需要注意的是，在幻灯片中输入文字时，应当在占位符（文本框）中输入，如果没有占位符，则需要提前插入文本框充当占位符。

图片和表格的插入方式与在Word 2016中的操作相同。

5.3 格式化演示文稿

在输入幻灯片内容之后，可以从文字格式、段落格式、幻灯片版式等方面对演示文稿进行格式化，最后制作出精美的幻灯片。

5.3.1 格式化文字和段落

1. 设置文字格式

文字格式主要包括字体、字号和文字颜色等内容。设置文字格式可以通过单击"开始"｜"字体"选项组中的相应按钮来操作，也可以通过单击"字体"选项组右下角的对话框启动器按钮来实现。

2. 设置段落格式

段落格式的内容包括段落的对齐方式、设置行间距及使用项目符号与编号。在PowerPoint 2016中可以通过单击"开始"｜"段落"选项组中的相应按钮完成对上述内容的设置，也可以通过"段落"对话框进行设置。

3. 设置文本的艺术字效果

使用艺术字可以丰富演示文稿的表现效果。设置艺术字样式的过程如图5-5所示。需要注意的是，如果文字笔画太细，艺术字效果会不明显。可以使用"绘图工具-格式"中的"文本填充"、"文本轮廓"和"文本效果"等功能进一步美化艺术字。

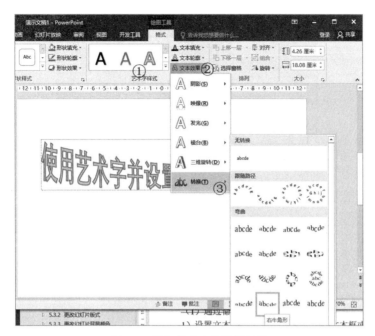

图 5-5　插入艺术字并设置效果

5.3.2　更改幻灯片版式

幻灯片版式指的是幻灯片的页面布局。

更改幻灯片版式之前，根据幻灯片演示的实际需求，可能需要先调整幻灯片的大小。

1. 调整幻灯片的大小

1）单击"设计" | "自定义" | "幻灯片大小"下拉按钮，在弹出的下拉列表中选择"标准（4∶3）"或"宽屏（16∶9）"选项，如图 5-6 所示，完成幻灯片大小的调整操作。

2）单击"设计" | "自定义" | "幻灯片大小"下拉按钮，在弹出的下拉列表中选择"自定义幻灯片大小"选项，可以设定幻灯片的宽度、高度、方向等属性。

2. 更改幻灯片的版式

PowerPoint 提供了多种版式供用户选择，如果需要对现有的幻灯片版式进行更改，则可按照下列步骤进行操作，如图 5-7 所示。

图 5-6　调整幻灯片大小

1）选择要更改版式的幻灯片。

2）单击"开始" | "幻灯片" | "版式"下拉按钮，或右击幻灯片，在弹出的快捷菜单中选择"版式"选项，打开"Office 主题"列表。

3）在"Office 主题"列表中选择一种版式，然后对标题、文本和图片的位置及大小进行适当的调整。

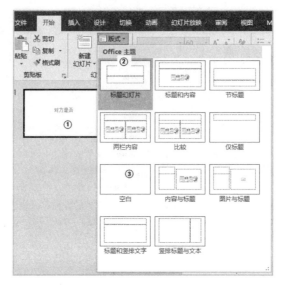

图 5-7　更改幻灯片版式步骤

5.3.3　更改幻灯片背景颜色

为了使幻灯片更美观，可适当改变幻灯片的背景颜色，更改幻灯片背景颜色的操作步骤如下。

1）在普通视图下，选定要更改背景颜色的幻灯片。

2）单击"设计"｜"自定义"选项组右下角的对话框启动器按钮，打开"设置背景格式"窗口，如图 5-8 所示，可设置背景为纯色填充、渐变填充、图片或纹理填充、图案填充，也可以设置隐藏背景图形。

3）以设置纯色填充为例，选中"纯色填充"单选按钮，单击"填充颜色"下拉按钮，在弹出的下拉列表中选择"其他颜色"选项，打开"颜色"对话框，如图 5-9 所示。

4）在"颜色"对话框中选择一种颜色，然后单击"确定"按钮。

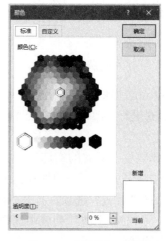

图 5-8　"设置背景格式"窗口　　　　　　图 5-9　"颜色"对话框

5）返回"设置背景格式"窗口，单击"关闭"按钮。如果单击"全部应用"按钮，则设置的背景将应用到全部幻灯片。

5.3.4　更换幻灯片主题

1. 套用内置主题

PowerPoint 2016 提供了很多已设置完成的主题方案供用户选择，帮助用户方便、快速地创作精美的 PPT 文档。快速套用内置主题的操作步骤如下。

1）在"设计"选项卡中单击主题列表右下角的"其他"按钮，如图 5-10 所示，展开所有可用的主题样式。

图 5-10　"设计"选项卡

2）在展开的主题样式列表框中单击选中需要的主题，即可应用该主题，如图 5-11 所示。

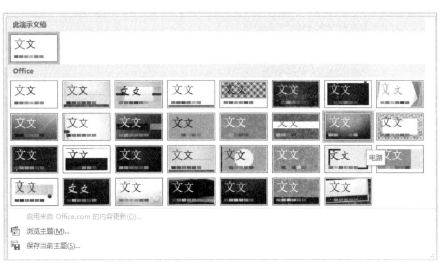

图 5-11　主题样式列表框

2. 设置主题颜色

可通过选择 PowerPoint 2016 内置的颜色方案对已设置主题的背景、文字等颜色搭配方案进行修改，即单击"设计"｜"变体"｜"其他"按钮，可打开颜色设置界面，如图 5-12 所示。

3. 设置主题字体

与设置主题颜色的操作相似，可通过单击"设计"｜"变体"｜"其他"按钮，在弹出的下拉列表中选择"字体"命令对主题中原来的字体进行重新选择和自定义设置。

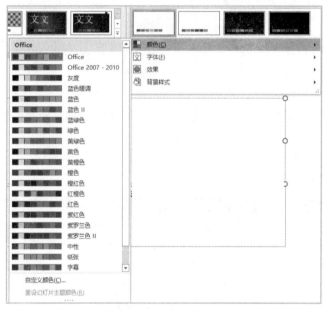

图 5-12　主题颜色设置

5.4　设置幻灯片效果

5.4.1　设置幻灯片动画效果

1. 添加动画

单击"动画"｜"动画"选项组或"高级动画"选项组中的相关按钮，如图 5-13 所示，为幻灯片设置动画效果。

图 5-13　"动画"选项卡

单击"动画"选项组中的"其他"按钮，在弹出的下拉列表中可以选择各个对象的动画效果，如图 5-14 所示。为对象设置动画后，单击"动画"选项组右下角的 按钮，在打开的"圆形扩展"对话框中设置动画的播放效果，如图 5-15 所示。

在动画样式下拉列表中用户可以选择添加进入、强调、退出和动作路径等动画效果。

在动画样式下拉列表中，除了可以设置幻灯片的动画效果外，还可以设置动画开始时间、动画速度、延迟时间等。下面通过一个实例，简要说明设置方法。

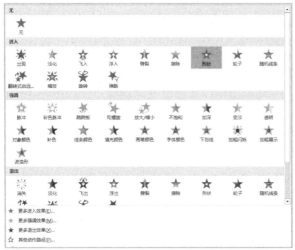

図 5-14　动画样式下拉列表　　　　　図 5-15　"圆形扩展"对话框

例如，设置幻灯片中文本框的动画效果为"进入"中的"飞入"，方向为"自右下部"，动画文本为"按字母发送"，速度为"慢速"，单击"预览"按钮开始播放动画，具体操作步骤如下。

1）单击选中欲设置动画的文本框，单击"动画"｜"动画"｜"其他"按钮，在弹出的下拉列表中选择"飞入"动画效果。

2）单击"动画"｜"效果选项"下拉按钮，在弹出的下拉列表中选择"自右下部"选项。

3）单击"动画"｜"动画"选项组右下角的"显示其他效果选项"按钮，打开"飞入"对话框（图 5-16），在"效果"选项卡中设置"动画文本"为"按字母顺序"，在"计时"选项卡中设置"期间"为"慢速（3 秒）"。

図 5-16　"飞入"对话框

4）单击"动画"｜"预览"｜"预览"按钮，可预览当前幻灯片上的动画效果。

2．**修改动画播放顺序**

在默认情况下，幻灯片中动画的播放顺序是按照用户添加动画的顺序排列的。用户可通过单击"动画"｜"高级动画"｜"动画窗格"按钮改变动画顺序，如图 5-17 所示，操作步骤如下。

1）选择需要改变动画顺序的幻灯片，单击"动画"｜"高级动画"｜"动画窗格"按钮，打开"动画窗格"窗口。

2）"动画窗格"窗口中列出了选定幻灯片包含的动画，选择需要改变播放顺序的动画，拖动鼠标到达指定的位置再松开鼠标，即可实现对选定动画播放顺序的向前或向后调整。

图 5-17　"动画窗格"窗口

5.4.2　设置幻灯片切换效果

幻灯片切换效果是指在演示文稿放映过程中由一个幻灯片切换到另一个幻灯片的方式。

单击"切换"｜"切换到此幻灯片"｜"其他"按钮，弹出幻灯片切换下拉列表，在该下拉列表中可以设置幻灯片切换的各种效果，如图 5-18 所示。

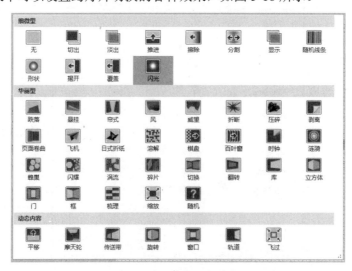

图 5-18　幻灯片切换下拉列表

在选择幻灯片切换效果后，在"切换"选项卡下可继续修改幻灯片的"切换效果"等设置。

在默认情况下，设置的幻灯片切换效果仅作用于当前幻灯片，对其他幻灯片无效；单击"全部应用"按钮，即可将设置的幻灯片切换效果应用于本演示文稿的所有幻灯片中。

5.5　插入超链接和多媒体

5.5.1　插入超链接

在演示文稿中可以建立超链接，以便快速跳转到某个对象，跳转的对象可以是幻灯片、演示文稿或 Internet 地址等。创建超链接的一般是文本或图片，也可以使用动作按钮。

1. 创建超链接

插入超链接的操作步骤如下。

1）在幻灯片中选中要创建超链接的对象，如文本或图片。

2）单击"插入"｜"链接"｜"链接"按钮，打开"插入超链接"对话框。

3）在对话框中选择或输入链接地址后，单击"确定"按钮，即可完成对超链接的设置。

2. 插入动作按钮

使用动作按钮可以实现类似超链接的功能，操作步骤如下。

1）单击"插入"｜"链接"｜"动作"按钮，打开"操作设置"对话框。

2）选择"单击鼠标"选项卡，选中"超链接到"单选按钮，并在其下拉列表中选择"幻灯片…"或"URL…"等选项，根据需要设置链接到的目标幻灯片。

3）单击"确定"按钮，即可完成设置。

超链接的编辑和删除方法与插入超链接的方法类似，也是单击"插入"｜"链接"｜"链接"按钮，在打开的"插入超链接"对话框中完成相应的设置。

5.5.2　插入多媒体

为改善在播放幻灯片时的视听效果，用户可以在幻灯片中插入多媒体对象。下面介绍如何在幻灯片中插入视频文件、SmartArt 和 Flash 动画文件，以及进行相应的设置。

1. 插入视频和音频文件

1）在普通视图下，选定要插入视频文件的幻灯片。

2）单击"插入"｜"媒体"｜"视频"下拉按钮，在弹出的下拉列表中选择"此设备"选项，打开"插入视频文件"对话框。

3）在"插入视频文件"对话框中定位要插入的影片文件，单击"确定"按钮，弹出播放影片系统信息提示对话框，用户选择的视频文件就插入了幻灯片中。

4）在"视频工具"的"播放"选项卡中可以编辑视频或设置视频的播放方式，并在幻灯片中出现剪辑的片头图像，如图 5-19 所示。用户可根据需要选择自动播放或单击时播放。

单击幻灯片中的图像可以拖动图像控点调整视频的大小。

插入音频文件和插入视频文件的过程类似。

图 5-19　播放视频文件选项卡

2. 插入 SmartArt 图形

PowerPoint 2016 的 SmartArt 图形功能十分强大，可以帮助用户更快、更方便地绘制各种流程图或者结构图。SmartArt 包括大量图形模板，可以设计出各式各样的专业图形，并能够快速地为幻灯片的特定对象或者所有对象设置各种动画效果。插入 SmartArt 流程图的步骤如下。

1）在幻灯片编辑页面，单击"插入"|"插图"|"SmartArt"按钮，打开"选择 SmartArt 图形"对话框，如图 5-20 所示。

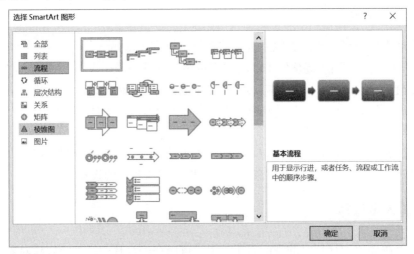

图 5-20　"选择 SmartArt 图形"对话框

2）选择"流程"选项中的某一类别，如"步骤下移流程"图形，单击"确定"按钮，这样就在幻灯片中插入了一个 SmartArt 图形。可以在流程图中输入各种形状的标题或相关说明文字。实现效果如图 5-21 所示。

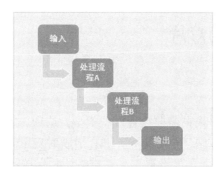

图 5-21　实现效果

3．插入 Flash 动画文件

部分在 PowerPoint 2016 中难以实现的演示效果可以使用 Flash 制作完成，可将导出的.swf 格式的 Flash 影片插入幻灯片中。插入 Flash 影片文件的操作步骤如下。

1）在普通视图下，选定要插入 Flash 动画的幻灯片。

2）选择"文件"｜"选项"｜"自定义功能区"命令，在"自定义功能区"的"主选项卡"下拉列表中选择开发工具，使"开发工具"选项卡出现在功能区中。

3）单击"开发工具"｜"控件"｜"其他控件"下拉按钮，在弹出的下拉列表中选择"Shockwave Flash Object"选项，如图 5-22 所示。

4）在幻灯片中按住鼠标左键并拖动鼠标绘制一个矩形，右击该矩形，在弹出的快捷菜单中选择"属性"选项，然后在打开的 Flash 对象的"属性"对话框中设置其 Movie 属性为所选择的 Flash 动画文件，如图 5-23 所示。在幻灯片播放时将自动播放 Flash 动画文件。

图 5-22　在控件列表中选择 Flash 控件

图 5-23　设置 Flash 控件的 Movie 属性

5.6 放映与打印幻灯片

5.6.1 放映设置

幻灯片设计完成后，可根据需要设置放映类型、选项、方式等。例如，设置演示文稿的放映方式为"演讲者放映（全屏幕）"，并在放映时应用"排练"，其操作步骤如下。

1）单击"幻灯片放映" | "设置" | "排练计时"按钮，排练演示文稿的播放方式并计时，排练结束时保存排练时间，如图 5-24 和图 5-25 所示。

图 5-24 设置"排练计时"

图 5-25 保存排练时间

2）单击"设置幻灯片放映"按钮，在弹出的"设置放映方式"对话框中设置"放映类型"为"演讲者放映（全屏幕）"，设置"推进幻灯片"为"如果出现计时，则使用它"，如图 5-26 所示，单击"确定"按钮。

3）放映幻灯片，幻灯片将按照排练时间自动播放。

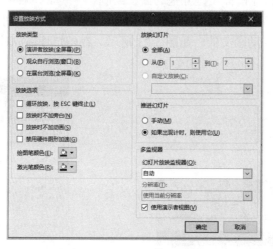

图 5-26 设置放映方式

5.6.2 放映幻灯片

进行幻灯片放映时，可以在幻灯片的各种视图中选定要开始演示的第一张幻灯片，单击演示文稿窗口右下角的"幻灯片放映"按钮 ，或单击"幻灯片放映" | "开始放映幻灯片"选项组中的相关按钮，如图 5-27 所示。

如果设置的是手动换片，则按 PageDown 键或单击将显示下一页，按 PageUp 键将显示前一页。幻灯片放映完毕按 Esc 键即可回到编辑状态。

在放映过程中,单击播放屏幕左下角的播放控制图标  ,或右击演示区域的任何位置都会弹出快捷菜单,选择快捷菜单中相应的选项即可对幻灯片进行定位、翻页操作,并且可以随时选择"结束放映"选项退出放映状态。

图 5-27 "幻灯片放映"选项卡

5.6.3 墨迹标记

在放映幻灯片时,可以使用鼠标在幻灯片上做标记,以对幻灯片内容进行进一步的讲解或强调。在幻灯片播放状态下右击,在弹出的快捷菜单中选择"指针选项"|"墨迹颜色"选项,选择墨迹颜色后,鼠标指针呈圆点状,即可进行绘制,如图 5-28 所示。若需要清除墨迹,则可通过使用快捷菜单中的"橡皮擦"工具或选择"擦除幻灯片上的所有墨迹"选项实现。

5.6.4 打印幻灯片

幻灯片设计制作完成后,用户可将其打印出来。幻灯片打印设置与 Word 的打印设置类似,选择"文件"选项卡"打印"选项,在打开的"打印"界面可设置所有打印属性,如图 5-29 所示。例如,设置打印范围(默认为打印全部幻灯片),设置每页打印幻灯片张数,设置页眉和页脚等。

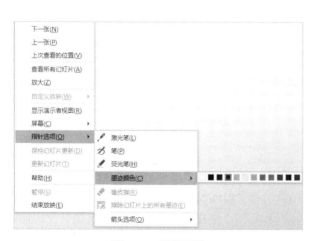

图 5-28 设置墨迹

图 5-29 打印设置窗口

5.7 上机范例

5.7.1 上机范例 1

启动 PowerPoint 2016，利用"空白演示文稿"建立一个介绍"第五届青苹果杯校园 PPT 大赛"的演示文稿，并以"P1.pptx"为文件名保存在"E:\PPT"文件夹中，如图 5-30 所示。

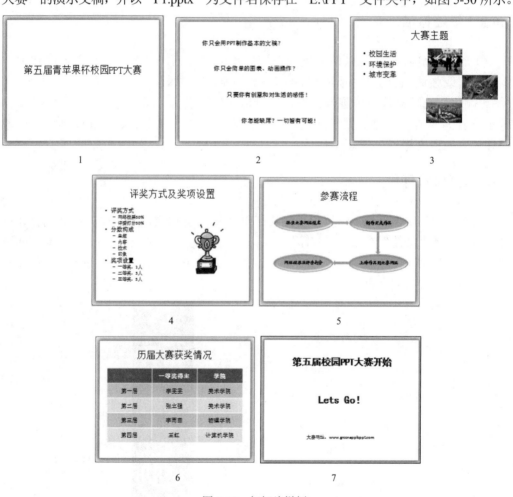

图 5-30　幻灯片样例

操作步骤如下。

1）在 Windows 10 操作系统下，选择"开始"|"PowerPoint 2016"命令，启动 PowerPoint 2016 程序，打开一个只有一张空白幻灯片的演示文稿。也可以通过在 PowerPoint 2016 窗口中单击"文件"|"新建"|"空白演示文稿"按钮来建立空白演示文稿。将演示文稿以"P1.pptx"的文件名保存在"E:\PPT"文件夹中。

2）选中第 1 张幻灯片，单击"开始"|"幻灯片"|"版式"下拉按钮，在弹出的"Office 主题"列表中选择"标题幻灯片"版式，如图 5-31 所示，将"标题幻灯片"

版式应用在当前幻灯片上，然后在标题区域填写标题内容为"第五届青苹果杯校园 PPT 大赛"。

3）单击"开始"|"幻灯片"|"新建幻灯片"按钮，插入第 2 张幻灯片，在弹出的"Office 主题"列表中选中"空白"版式。在幻灯片上插入 4 个文本框，分别填写大赛宣传语。

4）插入第 3 张幻灯片并设置其为"标题和内容"版式。在标题区域和文本区域填写大赛主题内容。通过单击"插入" | "图像" | "图片"按钮，插入 3 幅代表大赛主题的图片。

5）插入第 4 张幻灯片并设置其为"两栏内容"版式。在标题区域和左侧内容区域填写评奖方式及奖项设置情况，在右侧内容区域单击"图片"或"联机图片"按钮，插入来自"此电脑"的图片或网上搜索的图片。

6）插入第 5 张幻灯片并设置其为"仅标题"版式。在标题区域输入"参赛流程"。单击"插入" | "插图" | "SmartArt"按钮，利用 SmartArt 提供的"基本流程"模板快速创建如图 5-32 所示的参赛流程示意图。

图 5-31　选择幻灯片版式

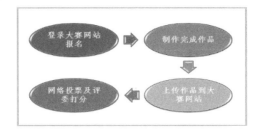

图 5-32　使用 SmartArt 制作图形

7）插入第 6 张幻灯片并设置其为"标题和内容"版式。在标题区域输入"历届大赛获奖情况"，在内容区域单击"插入表格"图标，插入一个 3 列 5 行的表格，输入历届大赛获奖者的姓名及所在学院。

8）插入第 7 张幻灯片并设置其为"空白"版式。在幻灯片上插入 3 个文本框，填写如图 5-30 所示文字内容作为幻灯片结束语。

9）单击快速访问工具栏中的 按钮进行保存。

5.7.2　上机范例 2

打开"E:\PPT"文件夹下的"P1.pptx"文件，完成如下操作。

1）设定第 1 张幻灯片中标题的动画效果为"进入"中的"飞入"，方向为"自右下部"，速度为"慢速"，播放动画。操作步骤如下。

① 在第 1 张幻灯片中选中标题文本框，单击"动画"|"动画"|"飞入"按钮。

② 单击"动画"|"动画"|"效果选项"按钮，选择"自右下部"选项。

③ 单击"动画"|"动画"选项组右下角的"显示其他效果选项"按钮，打开"飞入"对话框，在"计时"选项卡中设置"期间"为"慢速（3 秒）"，如图 5-33 所示。

④ 单击"动画"|"预览"按钮，可以预览当前幻灯片上的动画效果。

2）设定第 2 张幻灯片中 4 个文本框的动画效果为"进入"中的"翻转式由远及近"，动画开始的方式为"上一动画之后"，并在上一动画之后延迟 1 秒开始播放动画。操作步骤如下。

① 在第 2 张幻灯片中选中第 1 个文本框，单击"动画"|"动画"选项组中的"其他"按钮，选择"进入"中的"翻转式由远及近"动画效果。

② 在"计时"选项组中选择"开始"方式为"上一动画之后"，"延迟"为"1.00"秒，如图 5-34 所示。也可在动画窗口中单击动画效果的下拉按钮，选择动画开始的方式为"从上一项之后开始"。

图 5-33　设置飞入动画效果

图 5-34　设置动画计时方式

③ 用同样的方法为幻灯片中其他 3 个文本框设置动画效果。

3）设定第 3 张幻灯片"大赛主题"中文本内容的动画效果为"进入"效果中的"缩放"，播放动画。设置 3 幅图片的动画效果为"进入"中的"展开"，并使 3 幅图片在文本内容的动画播放完毕后同时出现。操作步骤如下。

① 在第 3 张幻灯片中选中文本区域，在"动画"效果列表框中选择"进入"效果中的"缩放"动画效果。

② 选中第 1 张图片，单击"动画"|"动画"|"其他"按钮，选择"更多进入效果"选项，在打开的"更改进入效果"对话框中选择"展开"动画效果，如图 5-35 所示。为其他两张图片设置同样的动画效果。

③ 设置第 1 幅图片的动画开始方式为"上一动画之后",后两幅图片的动画开始方式为"与上一动画同时",使得在文本内容的动画播放完毕后 3 幅图片同时自动出现。

4)设定第 4 张幻灯片"评奖方式及奖项设置"中文本内容的动画效果为"进入"中的"百叶窗"。为图片添加两项动画效果:第 1 项为"圆形扩展",方向为"缩小",形状为"菱形",开始方式为"上一动画之后";第 2 项为"陀螺旋",开始方式为"上一动画之后"。操作步骤如下。

① 选中第 4 张幻灯片中的文本区域,在"更改进入效果"对话框中选择"百叶窗"动画效果。

② 选中幻灯片中的图片,在"更改进入效果"对话框中选择"圆形扩展"动画效果,单击"动画"|"动画"|"效果选项"按钮,设置方向为"缩小",形状为"菱形",设置开始方式为"上一动画之后"。

图 5-35　选择更多进入效果

③ 再次选中图片,单击"动画"|"高级动画"|"添加动画"下拉按钮,在弹出的下拉列表中选择"强调"中的"陀螺旋"动画效果,设置动画开始方式为"上一动画之后"。

5)设定最后一张幻灯片中 3 个文本框的动画效果为"进入"中的"淡化",动画文本为"按字母发送",速度为"快速",动画开始的方式为"上一动画之后"。操作步骤如下。

① 选中最后一张幻灯片中的第一个文本框,单击"动画"|"高级动画"|"添加动画"下拉按钮,在弹出的下拉列表框中选择"进入"效果中的"淡化"动画效果。

② 单击"动画"选项组右下角的"显示其他效果选项"按钮,打开"淡化"对话框,在"效果"选择卡中设置文本动画为"按字母顺序",在"计时"选项卡中设置"期间"为"快速(1 秒)",开始方式为"上一动画之后"。

③ 将设置好的动画应用在幻灯片中其他两个文本框上。

5.8　上机实践

5.8.1　上机实践 1

文慧是学校的人力资源培训讲师,负责对新入职的教师进行入职培训,她制作的 PowerPoint 演示文稿广受好评。最近,她应北京节水展馆的邀请,为展馆制作一份宣传水知识及节水工作重要性的演示文稿。

节水展馆提供的文字资料及素材参见"水资源利用与节水(素材).docx",具体制作要求如下。

1)标题页包含演示主题、制作单位(北京节水展馆)和日期(××××年××月

××日）。

2）演示文稿须指定一个主题，幻灯片不少于 5 页，且版式不少于 3 种。

3）演示文稿中除文字外要包含两张以上的图片，并包含两个以上的超链接进行幻灯片之间的跳转。

4）动画效果要丰富，幻灯片切换效果要多样。

5）演示文稿播放的全程需要有背景音乐。

6）将制作完成的演示文稿以"水资源利用与节水.pptx"为文件名进行保存。

操作提示："水资源利用与节水（素材）.docx"文件内容如下。

一、水的知识

1. 水资源概述

目前，世界水资源达到 13.8 亿立方千米，但人类生活所需的淡水资源却只占 2.53%，约为 0.35 亿立方千米。我国水资源总量位居世界第 6，但人均水资源占有量仅为 2200 立方米，为世界人均水资源占有量的 1/4。

北京市属于重度缺水地区。全市人均水资源占有量不足 300 立方米，仅为全国人均水资源占有量的 1/8，世界人均水资源占有量的 1/30。

北京水资源的主要来源是天然降水和永定河、潮白河上游来水。

2. 水的特性

水是氢氧化合物，其分子式为 H_2O。

水的表面有张力，水有导电性，水可以形成虹吸现象。

3. 自来水的由来

自来水不是自来的，它是经过一系列水处理净化过程生产出来的。

二、水的应用

1. 日常生活用水

做饭喝水、洗衣洗菜、洗浴冲厕等。

2. 水的利用

水冷空调、水与减震、音乐水雾、水力发电、雨水利用、再生水利用等。

3. 海水淡化

海水淡化技术主要有蒸馏、电渗析、反渗透。

三、节水工作

1. 节水技术标准

北京市目前实施了五大类 68 项节水相关技术标准。其中包括用水器具、设备、产品标准，水质标准，工业用水标准，建筑给水排水标准，灌溉用水标准等。

2. 节水器具

使用节水器具是节水工作的重要环节，生活中的节水器具主要包括水龙头、便器及配套系统、冲洗阀等。

3. 北京市的 5 种节水模式

管理型节水模式、工程型节水模式、科技型节水模式、公众参与型节水模式、循环利用型节水模式。

5.8.2　上机实践 2

李强是一名环境保护志愿者，爱好旅游的他从贺兰山旅游回来之后，想制作一个荒漠化防治的 PowerPoint 演示文稿，呼吁人们保护自然环境。

荒漠化防治的文字资料及素材请参考"荒漠化的防治.docx"，制作要求如下。

1）标题页包含演示主题。

2）演示文稿须指定一个主题，幻灯片不少于 6 页，且版式不少于 3 种。

3）演示文稿中除文字外要包含一张以上的图片，并包含 3 个以上的超链接进行幻灯片之间的跳转。

4）动画效果不少于两种，幻灯片切换效果不少于 3 种。

5）素材中有一处适合做成表格，请选择合适的表格样式。

6）将制作完成的演示文稿以"荒漠化的防治.pptx"为文件名进行保存。

操作提示："荒漠化的防治.docx"文件的内容如下。

一、荒漠化的概念

1. 荒漠化

包括气候变化和人类活动在内的干旱、半干旱、半湿润地区的土地严重退化。

2. 表现

包括耕地退化、草地退化、林地退化而引起的土地沙漠化、石质荒漠化和次生盐渍化。

3. 影响

荒漠化已成为当今世界最严重的生态环境问题之一。中国是全球荒漠化面积大、分布广、危害严重的国家之一。其中，西北地区是我国风沙危害和荒漠化问题最突出的地区。

受风蚀、水蚀、盐碱化、冻融等因素影响，我国干旱的沙漠边缘和绿洲、半干旱和半湿润地区、华北平原、南方湿润地区和青藏高原等地都有分布。其中，西北地区的土地荒漠化程度最严重。

二、荒漠化的自然因素

形成荒漠化的自然因素包括以下几个。

1. 干旱（基本条件）

2. 地表土松散（物质基础）

3. 风力强劲（动力因素）

在干旱、地表土松散、强风的环境特征下，物理风化和风力成为塑造地貌的主要外力，长期的外力风化、侵蚀、搬运，形成了今日西北地区的荒漠。

4. 气候异常

三、荒漠化的人为因素

1. 形成荒漠化的人为因素

（1）人口激增对生态环境的压力。

（2）由于人类活动不当，对土地资源、水资源的过度使用和不合理利用。

2. 荒漠化的人为因素的主要表现方式

人为因素	典型地区	主要危害
过度樵采	能源缺乏地区	用于固沙、防止风沙前移和抑制地表起沙的植被遭到破坏
过度放牧	半干旱的草原牧区、干旱的绿洲边缘	加速了草原退化和沙化的进程
过度开垦	农垦区周围及荒漠绿洲	使土壤风蚀沙化及次生盐渍化

四、荒漠化防治的对策和措施

（一）防治的对策

1. 荒漠化防治的内容

（1）预防潜在荒漠化的威胁。

（2）扭转正在发展中的荒漠化土地的退化趋势。

（3）恢复荒漠化土地的生产力。

2. 荒漠化防治的原则

坚持维护生态平衡与提高经济效益相结合，治山、治水、治碱、治沙相结合的原则。

3. 荒漠化防治的思路

在现有的经济、技术条件下，以防为主，保护并有计划地恢复荒漠植被，重点治理已遭沙丘入侵、风沙危害严重的地段，因地制宜地进行综合整治。

（二）荒漠化防治的具体措施

1. 合理利用水资源

（1）农作区：改善耕作和灌溉技术，推广节水农业，避免土壤的盐碱化。

（2）牧区草原：减少水井的数量，以免牲畜数量大量无序增长。

（3）干旱的内陆地区：合理分配河流上、中、下游的水资源。

2. 利用生物措施和工程措施构筑防护体系

对绿洲外围的沙漠边缘地带进行封沙育草，积极保护、恢复和发展天然灌草植被；在绿洲前沿营造乔、灌木结合的防护林带；在绿洲内部建立农田防护林网，组成一个多层防护体系。

3. 调节农、林、牧用地之间的关系

做好农、林、牧用地规划；宜林则林、宜牧则牧；杜绝毁林开荒、盲目开垦；退耕还林、退耕还牧。

4. 采取综合措施，多途径解决农牧区的能源问题

通过营造薪炭林、兴建沼气池、推广省柴灶等多种途径，解决农牧区的能源问题，避免过度樵采，破坏植被。

5. 控制人口增长

控制人口增长速度，提高人口素质，建立一个人口、资源、环境协调发展的生态系统。

第6章 计算机网络配置与应用

掌握计算机网络知识已经成为应用计算机的基本技能，计算机网络配置与应用的主要任务是将计算机连入网络，并共享网络中的资源和完成信息传输的任务。Internet 将全世界的计算机联系在一起，通过 Internet，用户可以实现电子邮件收发、信息检索、远程登录等。

6.1 配置 TCP/IP 属性

通过局域网接入 Internet 时需要进行 TCP/IP 属性设置，操作步骤如下。

1）在 Windows 桌面上右击"网络"图标，在弹出的快捷菜单中选择"属性"选项，打开如图 6-1 所示的对话框。

图 6-1 "网络和共享中心"对话框

2）单击"以太网"本地连接，在打开的对话框中单击"属性"按钮，打开"以太网 属性"对话框，如图 6-2 所示。

3）选择"Internet 协议版本 4 (TCP/IPv4)"选项，单击"属性"按钮，打开"Internet 协议版本 4 (TCP/IPv4)属性"对话框，如图 6-3 所示。

4）如果需要为用户的计算机配置确定的 IP 地址，则选中"使用下面的 IP 地址"单选按钮，并分别在"IP 地址"、"子网掩码"、"默认网关"及 DNS 服务器地址处输入相关信息，如图 6-3 所示。

5）单击"确定"按钮，完成 TCP/IP 属性设置。

这里需要说明，获取 IP 地址的方式有两种：一种是自动获取 IP 地址，另一种是指定 IP 地址。如果局域网上有专门的网络服务器，而且该服务器负责 IP 地址的分配，则应选中"自动获得 IP 地址"单选按钮。

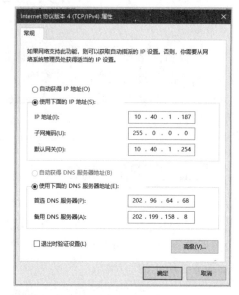

　　图 6-2　"以太网 属性"对话框　　　图 6-3　"Internet 协议版本 4 (TCP/IPv4) 属性"对话框

目前网络协议有两个版本：IPv4 和 IPv6。如果使用 IPv6 版本，则在第 3）步中选择"Internet 协议版本 6 (TCP/IPv6)"选项进行相关设置，其余的设置保持不变。

6.2　信息检索

如何在 Internet 的上千万个网站中快速、有效地找到所需信息，是一个非常重要的问题，搜索引擎正是为了解决用户的信息查询问题而开发的一种工具。

6.2.1　信息搜索

1．网页搜索

当用户在搜索引擎中搜索某个关键词（如"云计算"）时，搜索引擎数据库中所有包含这个关键词的网页都将作为搜索结果并以列表的形式显示，用户可以自行判断需要打开哪些网页。常用的搜索引擎有百度、谷歌、必应等。百度搜索引擎页面如图 6-4 所示。

用户需要掌握相应的方法，才能利用搜索引擎全面、准确、快速地从网络上获取所需要的信息。在通常情况下，搜索引擎通过搜索关键词来查找包含此关键词的文章或网址。这是使用搜索引擎查询信息最简单的方法，但使用这种方法得到的结果往往不能令人满意。如果想要获得更好的搜索结果，就需要使用搜索引擎提供的高级搜索方法（以百度为例），如图 6-5 所示，它可以缩小搜索的范围，提高搜索的效率。

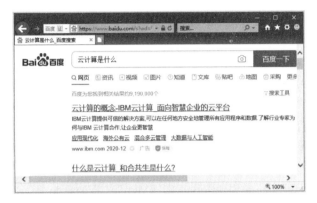

图 6-4　百度搜索引擎页面

图 6-5　百度搜索引擎的"高级搜索"页面

2. 保存网页

通过搜索，通常会找到许多有用的信息，可以将这些信息保存在本地计算机上，以便日后使用。以 IE 浏览器为例，保存整个 Web 页，或者只保存其中的部分内容（如文本、图片或超链接等）的操作方法如下。

1）如果希望将整个网页存储到计算机中，在 IE 浏览器中，单击 按钮，在弹出的下拉列表中选择"文件"|"另存为"命令。在打开的"保存网页"对话框中指定当前网页的文件名、文件位置等。保存类型可以是 HTML 文件或文本文件。

如果保存为文本文件，则浏览器保存的仅仅是当前网页中的文本信息、图片，其他网页元素都不会保存。

2）如果只需要保存当前网页中的图片，则可选择要保存的图片并右击，在弹出的快捷菜单中选择"图片另存为"选项，选择保存位置，再单击"保存"按钮。

3. 搜索引擎的类型

搜索引擎一般有以下几种类型。

（1）全文搜索引擎

全文搜索引擎有谷歌、百度等，它们从互联网提取各个网站的信息（以网页文字为主）建立数据库，并能检索与用户查询条件相匹配的记录，然后按照一定的排列顺序返回结果。

（2）目录索引类搜索引擎

目录索引是按照目录分类的网站链接列表，用户可以按照分类目录找到所需要的信息，这种方式不依靠关键词进行搜索。目录索引类搜索引擎中最具代表性的有搜狐、新浪分类目录索引类搜索等。

（3）元搜索引擎

元搜索引擎在接受用户查询请求后，会同时在多个搜索引擎上进行搜索，并将搜索结果返回给用户。元搜索引擎有 InfoSpace、Dogpile、Visisimo 等。

（4）门户搜索引擎

门户搜索引擎如 AOL Search、MSN Search 等，虽然提供了搜索服务，但其自身既没有分类目录，也没有网页数据库，其搜索结果完全来自其他搜索引擎。

6.2.2 搜索引擎的工作原理

1. 搜索引擎的工作过程

（1）搜索信息

搜索引擎利用一个称为网络爬虫的自动搜索机器人程序来连接每一个网页上的超链接。

（2）整理信息

搜索引擎整理信息的过程称为建立索引。搜索引擎不仅要保存搜集的信息，还要将它们按照一定的规则进行排序，便于用户进行查看。

（3）接受查询

用户向搜索引擎发出查询请求后，搜索引擎接受查询并向用户返回信息。目前，搜索引擎返回的信息主要是以网页链接的形式提供的，通过这些链接，用户能够找到含有自己所需信息的网页。

在抓取网页的时候，网络爬虫一般采用广度优先和深度优先两种策略。广度优先是指网络爬虫会先抓取起始网页中链接的所有网页，然后选择其中的一个链接网页，继续抓取在此网页中链接的所有网页。广度优先是最常用的方式，因为这个方法可以让网络爬虫并行处理，提高抓取速度。深度优先是指网络爬虫会从起始网页开始，一个链接一个链接地跟踪下去，处理完当前线路之后，再转入下一个起始网页，继续跟踪链接。深度优先的优点是网络爬虫在设计的时候比较容易。

由于不可能抓取所有的网页，有些网络爬虫对一些不太重要的网站设置了访问的层数。对于网站设计者来说，扁平化的网站结构设计有助于搜索引擎抓取更多的网页。

一般的网站拥有者希望搜索引擎能够更全面地抓取自己网站的网页，因为这样就可以让更多的网民通过搜索引擎访问这个网站。为了让本网站的网页被更全面地抓取，一般网站管理员会建立一个网站地图（sitemap.htm）。许多网络爬虫会把地图文件作为一个网站网页抓取的入口，网站管理员可以把网站内部所有网页的链接放在这个文件里面，网络爬虫就可以很方便地把整个网站抓取下来，避免遗漏某些网页，同时也可以减轻网站服务器的负担。

2. 搜索引擎的局限性

对于搜索引擎来说，要抓取互联网上所有的网页几乎是不可能的。其中的原因一方面是网页抓取技术的瓶颈，有许多网页无法从其他网页的链接中找到，因此无法遍历所有的网页；另一方面是存储技术和处理技术的限制。如果按照每个页面的平均大小为20KB 计算，100 亿个网页的数据总量就是 200TB。如果按照一台计算机每秒下载 20KB 数据进行计算，则需要 340 台计算机不停地下载一年才能把所有网页下载完毕。同时，由于数据量太大，也会影响搜索效率。因此，许多搜索引擎的网络爬虫只抓取那些重要的网页。

6.2.3　中国知网的使用

中国知识基础设施工程（CNKI 工程）是以实现全社会知识信息资源共享为目标的国家信息化重点工程。中国知网作为 CNKI 工程的一个重要组成部分，已建成中文信息量规模较大的 CNKI 数字图书馆，内容涵盖自然科学、工程技术、人文与社会科学期刊、博硕士论文、报纸、图书、会议论文等公共知识信息资源，为在互联网条件下共享知识信息资源提供了一个重要的平台。

中国知网数据库主要包括中国期刊全文数据库（CJFD）、中国重要报纸全文数据库（CCND）、中国优秀博硕士论文全文数据库（CDMD）等。其中，中国期刊全文数据库收录以学术、技术、政策指导、高等科普及教育类刊物为主，同时收录部分基础教育、大众科普、大众文化和文艺作品类刊物。中国期刊全文数据库分为十大专辑：理工 A、理工 B、理工 C、农业、医药卫生、文史哲学、政治军事与法律、教育与社会科学综合、电子技术与信息科学、经济与管理。中国知网的主页如图 6-6 所示。

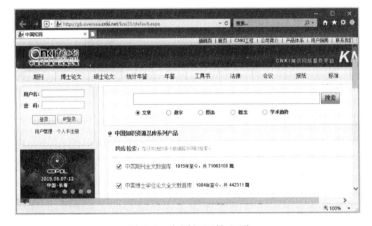

图 6-6　中国知网的主页

中国期刊全文数据库主要以 CAJ 格式和 PDF 格式提供文献，因此，用户需要在计算机中预先安装相应格式的阅读器。

6.3 Internet 服务与应用

6.3.1 万维网服务

万维网（Web）以超文本标记语言（HTML）与超文本传输协议（HTTP）为基础，能够以友好的接口提供 Internet 信息查询服务。这些信息资源分布在全球数以亿万计的万维网服务器（或标为 Web 站点）上，并由提供信息的网站进行管理和更新。用户通过浏览器浏览 Web 网站上的信息，并可通过单击标记为"超链接"的文本或图形跳转到世界各地的其他 Web 网站，访问丰富的 Internet 信息资源。

1. Web 网站与 Web 网页

Web 系统采用浏览器/服务器工作模式，所有的客户端和 Web 服务器统一使用 TCP/IP 协议族，使客户端通过浏览器和服务器的逻辑连接变成简单的点对点连接，用户只需要提出查询要求就可以自动完成查询操作。

若将 WWW 视为 Internet 上的一个大型图书馆，则 Web 网站上某一特定信息资源的所在地就如同图书馆中的书籍，而 Web 网页就是书中的某一页，Web 站点的信息资源由一篇篇称为 Web 网页的文档组成。多个 Web 网页组合在一起便构成了一个 Web 站点，用户每次访问 Web 网站时，总是从一个特定的 Web 站点开始。每个 Web 站点的资源都有一个起始点，通常称为首页（即站点起始页）。图 6-7 所示为 Web 网页的组成结构及超链接。

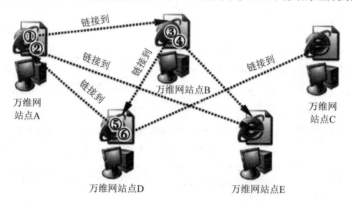

图 6-7　Web 网页的组成结构及超链接

Web 网页采用超文本格式，即每个 Web 网页除包含自身信息外，还包含指向其他 Web 网页的超链接，可以将超链接理解为指向其他 Web 网页的指针。由超链接指向的 Web 网页可能在近处的一台计算机上，也可能在千里之外的一台计算机上。但对用户来说，单击超链接，所需的信息就会立刻显现在眼前，非常方便。需要说明的是，超级文本不仅含有文本，也含有图像、音频、视频等多媒体内容，通常人们也把这种增强的超级文本称为超媒体。

2. URL 与 HTTP

在 Internet 中的 Web 站点上，每一个信息资源都有统一的且在网上唯一的地址，该地址称为统一资源定位符（URL）地址。URL 地址可用于确定 Internet 上信息资源的位置，方便用户通过 Web 浏览器查阅 Internet 上的信息资源。URL 地址包括资源类型、存放资源的主机域名及端口和网页路径，如图 6-8 所示。

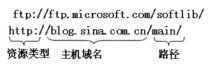

图 6-8　URL 地址

HTTP 是 Web 服务器与浏览器之间传送文件的协议，它是在浏览器/服务器模型上发展起来的信息传输方式。HTTP 以客户端浏览器和服务器彼此互相发送消息的方式进行工作，客户通过浏览器向服务器发出请求，并访问服务器上的数据，服务器通过特定的公用网关接口程序返回数据，如图 6-9 所示。

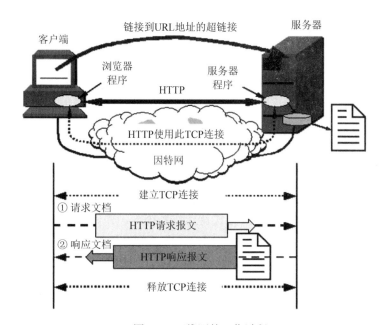

图 6-9　万维网的工作过程

6.3.2　电子邮件服务

电子邮件（E-mail）是一种利用计算机网络交换电子信件的通信手段，它是 Internet 上广受欢迎的一项服务。它可以将电子邮件发送到收信人的邮箱中，收信人可以随时读取邮件。电子邮件不仅使用方便，而且大多数的电子邮件可免费使用。电子邮件不仅能传递文字信息，还可以传递图像、声音、动画等多媒体信息。

1. 电子邮件收发过程

电子邮件系统采用客户机/服务器工作模式，由邮件服务器端与邮件客户端两部分组成。邮件服务器端包括发送邮件服务器和接收邮件服务器两类。发送邮件服务器一般采用 SMTP（简单邮件传输协议），当发信方发出一份电子邮件时，SMTP 服务器便依照收件地址将电子邮件送到收信人的接收邮件服务器中；接收邮件服务器为每个电子邮箱用户开辟了一块专用的存储空间，用于存放接收到的邮件。当收件人将自己的计算机连接到接收邮件服务器并发出接收指令后，客户端计算机即可通过邮局协议（POP3）或交互式邮件存取协议（IMAP）下载并读取电子信箱内的邮件。图 6-10 所示为电子邮件的收发过程。

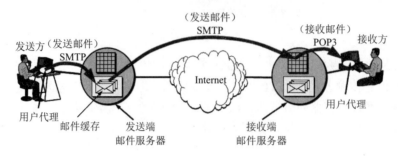

图 6-10　电子邮件的收发过程

2. 电子邮件地址

每个电子邮箱都有一个 E-mail 地址，格式为：用户名@邮箱所在主机的域名。

其中，符号@表示“在”的意思；用户名必须是唯一的。例如，×××@163.com 就是一个用户的 E-mail 地址，它表示 163 邮件服务器上用户名为×××的 E-mail 地址。

6.3.3　文件传输服务

文件传输协议（file transfer protocol，FTP）是 Internet 上使用广泛的文件传输协议。FTP 能屏蔽计算机所处的位置、连接方式及操作系统等，并使在 Internet 上的计算机之间实现文件的传送成为可能。通过 FTP，用户可登录到远程计算机上搜索需要的文件或程序，然后将其下载到本地计算机，也可以将本地计算机中的文件上传到远程计算机上。FTP 采用客户机/服务器工作方式，用户计算机称为 FTP 客户机，远程提供 FTP 服务的计算机称为 FTP 服务器。其工作过程如图 6-11 所示。

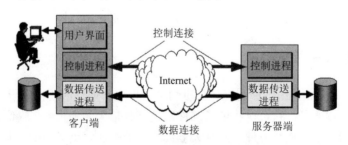

图 6-11　FTP 的工作过程

FTP 服务器通常是信息服务提供者的计算机。FTP 服务是一种实时联机服务，用户在访问 FTP 服务器之前需要进行注册。Internet 上大多数 FTP 服务器支持匿名服务，即以 anonymous 作为用户名，以任何字符串或电子邮件的地址作为口令登录。当然，匿名 FTP 服务存在很大的局限性，匿名用户一般只能获取文件，而不能在远程计算机上建立文件或修改已存在的文件，并且对获取文件也有严格的限制。

利用 FTP 传输文件的方式主要有以下两种。

1. FTP 命令行

UNIX 操作系统中有丰富的 FTP 命令集，能方便地完成文件传送等操作。

2. FTP 下载工具

FTP 下载工具同时具有远程登录、对本地计算机和远程服务器的文件和目录进行管理，以及相互传送文件等功能。FTP 下载工具还具有断点续传功能，在网络连接意外中断后，还可继续进行剩余部分的传输，保障了文件下载速率。目前，CuteFTP 是最常用的 FTP 下载工具，它是一个共享软件，功能强大，支持断点续传、上传、文件拖放等功能。

6.3.4　远程登录服务

远程登录是指由本地计算机通过 Internet 登录到另一台远程计算机上，远程计算机可以在本地计算机附近，也可以在地球的另一端。当登录到远程计算机后，本地计算机就成为远程计算机的终端，操作者可以用本地计算机直接操纵远程计算机，利用远程计算机完成大量的操作，如查询数据库、检索资料等。

Internet 远程登录服务的工作原理如图 6-12 所示。

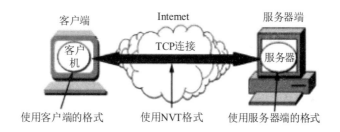

图 6-12　远程登录服务的工作原理

远程登录采用客户机/服务器工作方式，进行远程登录时需要满足以下条件：在本地计算机上必须装有包含 Telnet 协议的客户程序；必须知道远程计算机的 IP 地址或域名；必须知道远程计算机的登录标识与口令。使用 Telnet 远程登录服务主要包括以下 4 个步骤。

1）本地计算机与远程计算机建立 TCP 连接，用户必须知道远程计算机的 IP 地址或域名。

2）将本地计算机上输入的用户名、口令及任何命令或字符串转换为 NVT 格式传送到远程计算机。

3）将远程计算机输出的 NVT 格式的数据转换为本地计算机所接受的格式送回本地计算机，包括输入命令回显和命令执行结果。

4）本地计算机对远程计算机撤销 TCP 连接。

世界上许多图书馆通过 Telnet 对外提供联机检索服务，一些政府部门和研究机构也将其数据库对外开放，供用户通过 Telnet 查询。一旦登录成功，用户便可使用远程计算机访问对外开放的全部信息资源。当然，若在远程计算机上登录，则先要成为该系统的合法用户，并获得相应的账号和口令。

6.4　上机范例

6.4.1　上机范例 1

IE 浏览器的常用操作。

1）登录网易，将该网站主页设为当前浏览器的起始主页，并将该网页保存为名为"网易"的网页文件。

2）在主页中将一幅图片保存为图片文件。

3）将该网站中某个信息的内容保存到 Word 文档中，并将网易主页保存到收藏夹中。

操作步骤如下。

1）在 Windows 10 操作系统下，选择"开始"｜"Internet Explorer"命令，启动 IE 浏览器，在地址栏中输入"http://www.163.com"，按 Enter 键，登录到网易主页，如图 6-13 所示。

图 6-13　网易主页

2）单击浏览器右上角的🔧按钮，选择"工具"｜"Internet 选项"命令，打开"Internet 选项"对话框，在"常规"选项卡中单击"使用当前页"按钮，再单击"确定"按钮，将网易主页设为当前浏览器的起始主页，如图 6-14 所示。

3）再次单击浏览器右上角的 📷 按钮，选择"工具"｜"文件"｜"另存为"命令，打开"保存网页"对话框，将该网页保存成名为"网易"的文件。

4）在网页中选定一幅图片并右击，在弹出的快捷菜单中选择"图片另存为"选项，将图片保存成文件。

5）单击某个超链接，打开超链接的内容，右击，在弹出的快捷菜单中选择"全选"选项，选中网页上的内容，再次右击，在弹出的快捷菜单中选择"复制"选项，在 Windows 10 下选择"开始"｜"Word"命令，进入 Word 应用程序，打开一个 Word 空白文档。在 Word 窗口中单击"开始"｜"剪贴板"｜"粘贴"按钮，将网页中的内容复制到 Word 文档中，单击快速访问工具栏中的"保存"按钮 🖳，在打开的对话框中选择保存位置，输入文件名即可。

图 6-14 "Internet 选项"对话框

6）返回 IE 浏览器，单击窗口右上角的 🏠 按钮，回到网易主页，单击窗口右上角的 📷 按钮，选择"收藏夹"｜"添加到收藏夹"命令，打开"添加收藏"对话框，输入网页的名称为"网易"，然后单击"添加"按钮，将该网页添加到收藏夹中，如图 6-15 所示。

图 6-15 "添加收藏"对话框

6.4.2 上机范例 2

使用"百度"搜索引擎搜索"国家教育部计算机教育认证考试管理中心"的相关信息，并下载一份"VB 考试样卷"。

操作步骤如下。

1）在 IE 浏览器的地址栏中输入"http://www.baidu.com"，按 Enter 键，登录百度搜索页面，如图 6-16 所示。

2）在搜索页面的文本框中输入"国家教育部计算机教育认证考试管理中心"，单击"百度一下"按钮，可搜索到关于"国家教育部计算机教育认证考试管理中心"的大量信息，如图 6-17 所示。

3）单击符合搜索需要的链接，打开"国家教育部计算机教育认证考试管理中心"网站，在"资源下载"栏目中选择"考试样卷"｜"VB 考试样卷"命令，单击其后面的"点击下载--1"超链接，打开"文件下载"对话框，单击"保存"按钮，将考试样卷保存到自己的计算机中，如图 6-18 所示。

图 6-16　"百度"搜索引擎页面

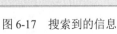

图 6-17　搜索到的信息

图 6-18　下载文件

6.5　上机实践

6.5.1　上机实践 1

在操作环境允许的条件下设置 TCP/IP 属性；查看本机当前的 IP 地址。

6.5.2　上机实践 2

浏览器常用操作。

1）访问搜狐网，将该网站主页设置为浏览器的起始页，并将该网页保存为名为"搜狐"的网页文件。

2）在主页中将一幅图片保存为图片文件。

3）将该网站中某个信息的内容保存到 Word 文档中，并将搜狐主页保存到收藏夹中。

参 考 文 献

白宝兴，周剑敏，贲黎明，2017. 大学计算机基础：Windows 7+Office 2010[M]. 天津：南开大学出版社.

顾玲芳，2014. 大学计算机基础上机实验指导与习题[M]. 北京：中国铁道出版社.

郭金兰，2016. 计算机应用技术教程：Windows 7+Office 2010[M]. 西安：西安交通大学出版社.

郭瑾，康丽，2014. 大学计算机实验[M]. 北京：科学出版社.

娄岩，2018. 大学计算机基础[M]. 北京：科学出版社.

孙连科，2017. 大学计算机应用基础[M]. 2 版. 北京：中国水利水电出版社.

吴宛萍，许小静，张青，2016. Office 2010 高级应用[M]. 西安：西安交通大学出版社.

曾辉，熊燕，2020. 大学计算机基础实践教程：Windows 10 + Office 2016 [M]. 北京：人民邮电出版社.

张敏华，史小英，2018. 计算机应用基础（Windows 7 + Office 2016）上机指导与习题集[M]. 北京：人民邮电出版社.